# 矿井通风与安全

KUANGJING TONGFENG YU ANQUAN

SHIYONG JISHU YANJIU

## 实用技术研究

邢媛媛 著

中国水利水电出版社

www.waterpub.com.cn

## 内 容 提 要

本书从矿井通风基础理论知识和实用角度出发,系统地讨论了矿井空气及气候条件、矿井空气流动理论、矿井通风动力与通风动力系统、矿井通风网络中风量分配与调节、矿井瓦斯防治与利用、矿井火灾与矿尘防治、矿井安全监测监控系统。通过本书希望可以帮助读者更清晰全面地了解现代矿井通风与安全相关知识,帮助提升我国矿井管理水平。

本书内容丰富,实用性强,适合从事矿山安全技术人员和管理人员参考阅读。

## 图书在版编目(CIP)数据

矿井通风与安全实用技术研究/邢媛媛著.--北京:
中国水利水电出版社,2014.6 (2022.9重印)
ISBN 978-7-5170-2058-5

Ⅰ.①矿… Ⅱ.①邢… Ⅲ.①矿井通风-研究②矿井安全-研究 Ⅳ.①TD7

中国版本图书馆 CIP 数据核字(2014)第 104786 号

策划编辑:杨庆川 责任编辑:杨元泓 封面设计:崔 蕾

| 书 名 | 矿井通风与安全实用技术研究 |
|---|---|
| 作 者 | 邢媛媛 著 |
| 出版发行 | 中国水利水电出版社 |
| | (北京市海淀区玉渊潭南路 1 号 D 座 100038) |
| | 网址:www.waterpub.com.cn |
| | E-mail:mchannel@263.net(万水) |
| | sales@mwr.gov.cn |
| | 电话:(010)68545888(营销中心) 、82562819(万水) |
| 经 售 | 北京科水图书销售有限公司 |
| | 电话:(010)63202643、68545874 |
| | 全国各地新华书店和相关出版物销售网点 |
| 排 版 | 北京鑫海胜蓝数码科技有限公司 |
| 印 刷 | 天津光之彩印刷有限公司 |
| 规 格 | 170mm×240mm 16 开本 11.5 印张 206 千字 |
| 版 次 | 2014年10月第1版 2022年9月第2次印刷 |
| 印 数 | 3001-4001册 |
| 定 价 | 42.00 元 |

# 前　言

采矿工业是一种重要的原料工业,是我国经济和社会发展的基础,为我国工业生产和人民生活提供主要的能源。而矿井通风是采矿工业的一个重要组成部分,是矿井安全的基础保障。煤矿结构复杂,存在着瓦斯、火灾、水灾等危险,虽然为矿井安全方面做了很多努力,但是近年来矿井事故还是频频发生,煤炭行业安全形势依然严峻。为了保证矿井行业从业人员的安全,提升矿井管理水平,促进我国经济长期稳定发展,作者根据我国矿井工业的实际情况及其工业特点撰写了《矿井通风与安全实用技术研究》一书。

全书共7章,即矿井空气及气候条件、矿井空气流动理论探析、矿井通风动力与通风系统、矿井通风网络中风量分配与调节、矿井瓦斯防治与利用、矿井火灾与矿尘防治、矿井安全监测监控系统。其中第1章、第2章阐述了矿井通风的基本理论、设定了主要物理参量等;第3章、第4章重点讨论了矿井通风的动力、方式、设施,通风网络中的风量调节;第5章~第7章探讨了矿井生产中如何防火、防爆炸,以及安全生产的监控系统。本书力求重点突出,简明扼要。注重基本理论扎实,同时又增加了新技术的实际应用,增添了本书的基础性和实用性。在撰写过程中,我们参阅了大量文献和资料,吸收了以往的矿井通风与安全的相关书籍的优点,这为提高本书质量起到重要作用。为此特向文献作者们表示感谢,同时向本书审阅者表示感谢。

若本书的出版对读者有所裨益,对我国矿井安全工作有所帮助,将是作者莫大的欣慰。

由于作者水平有限,书中难免存在错误和不妥之处,恳请广大读者不吝指正。

作者

2014 年 3 月

# 目　　录

# 第1章 矿井空气及气候条件

　　煤层地下开采生产过程中,必定会产生大量有毒、有害气体及各种矿尘。因此,必须持续不断地将地面空气输送到井下各个作业地点,以供给人员呼吸,并稀释和排除井下各种有害气体和矿尘,创造良好的矿井气候条件,以保证井下作业人员的身体健康和劳动安全。本章着重介绍了矿井空气的主要成分、井下常见的有害气体及其主要检测与管理方法,讨论了矿井气候条件及其改善的问题,为进一步学习矿井通风的基本理论奠定基础。

## 1.1　矿井空气的主要成分

### 1.1.1　矿井空气

　　井下空气来源于地面空气。一般来说,地面空气的成分是一定的,它主要是由氧、氮和二氧化碳三种气体所组成。按体积百分数计:氧为21%,氮为78%,二氧化碳为0.03%。此外,还含有数量不定的水蒸气、微生物及灰尘等。

　　地面空气进入矿井后,在成分和性质上将发生下列变化:①氧含量减少;②混入矿尘;③混入各种有害气体;④空气的温度、湿度和压力发生变化。这种在成分上发生了变化的空气称为矿井空气。变化程度不大的称为新鲜风流,变化程度较大的称为污浊风流。

　　尽管矿井空气与地面空气不完全相同,但其主要成分仍然是氧、氮和二氧化碳。

### 1.1.2　氧气

1. 性质

　　氧是一种无色、无味的气体。氧气对空气的相对密度为1.11。化学性质很活泼,易使其他物质氧化,是人与动物呼吸和物质燃烧不可缺少的气体。

2. 对人体的影响

氧气是人类呼吸所必需的气体。人离开新鲜空气就好比鱼儿离开水一样是无法生存的。人对氧的需要量是随人的体质强弱、精神状态好坏和劳动强度大小而定的。人的需氧量与劳动强度的关系如表1-1所示。

表1-1  人体需氧量与劳动强度的关系

| 劳动强度 | 呼吸空气量/L·min⁻¹ | 氧气消耗量/L·min⁻¹ |
|---|---|---|
| 休　息 | 6～15 | 0.2～0.4 |
| 轻劳动 | 20～25 | 0.6～1.0 |
| 中度劳动 | 30～40 | 1.2～2.4 |
| 重劳动 | 40～60 | 1.8～2.4 |
| 极重劳动 | 60～80 | 2.5～3.1 |

空气中的含氧量在21%左右时对人呼吸最有利。如果降低至18%的环境一般称为缺氧环境。氧含量降低会直接影响人的健康,甚至危及生命。空气中氧含量降低对人的影响详见表1-2。

表1-2  空气中氧气浓度的降低对人体的影响

| 空气中氧气浓度（体积）/% | 主要症状 |
|---|---|
| 17 | 静止时无影响,工作时能引起哮喘和呼吸困难 |
| 15 | 呼吸及心跳急促,耳鸣目眩,感觉和判断能力降低,失去劳动能力 |
| 10～12 | 失去理智,时间稍长有生命危险 |
| 6～9 | 失去知觉,呼吸停止,如不及时抢救,几分钟内可能导致死亡 |

《煤矿安全规程》第100及第103条规定:在采掘工作面的进风流中,氧气浓度不得低于20%。按井下同时工作的最多人数计算,每人每分钟供给风量不得少于4m³。

3. 矿井空气中氧含量减少的主要原因

(1)人员呼吸;

（2）煤岩和其他有机物的缓慢氧化；

（3）煤岩和生产过程中各种气体的放出而相对地降低了氧的含量；

（4）井下火灾、瓦斯或煤尘爆炸。

由于上述原因，在通风不良的井巷中或发生火灾的地区，氧的含量可能降低。人员在进入这些地区之前，一定要进行氧含量的检查。否则可能有窒息的危险。在我省煤矿生产过程中，井下工作人员因误入盲巷或通风不良井巷中造成的窒息死亡事故是较多的。

4. 检测方法

（1）用 AQX-1 型数字式氧气浓度计检测。

该仪器为防爆式本质安全型，以 3 倍液晶数字显示所测的氧气浓度，其测定范围为 0%～25%，仪器的传感元件为化学燃料电池。

（2）用 SJY-93 瓦斯、氧气检测仪检查。

SJY-93 瓦斯、氧气检测仪主要用于煤矿井下对瓦斯和氧气的浓度进行检测。当瓦斯或氧气的浓度超限时，该仪器可自动进行声光报警。这样，可以加强煤矿井下通风管理，从而增强煤矿井下生产的安全性。

（3）用 AY-1 型氧气检测仪检查。

AY-1 型氧气检测仪主要用于煤矿井下采煤工作面，采空区、回风道、瓦斯抽放管道及瓦斯（煤尘）火灾、爆炸等各类事故灾区的空气中氧气浓度的测定，也可用于隧道、船舶、石油化工、仓库等各类作业环境中氧气浓度的测定。AY-1 型氧气检测仪没有外接附加电源，为安全火花型，可以在含有各类可燃、可爆气体的环境中使用，而不受其他气体的干扰。该仪器具有重量轻、体积小、携带方便、指示连续直观等优点。

## 1.1.3　氮气

氮气是一种无色、无味、无毒的气体，相对密度为 0.97，与空气几乎一样重，可均匀的分布在矿井空气中。氮气的化学性质极不活泼，在常温、常压下一般不与任何物质发生化反应。正因为它的这个特点，它对物质具有保护作用，起到阻止氧化的作用。可以设想一下若没有氮气，全是氧气，那么许多物质（金属、木料等）将不复存在。并且氮气在矿井生产中也常用作惰性气体来灭火和惰化采空区。

氮气不能燃烧，亦不助燃，也不能供人呼吸，在正常情况下，氮气对人体无害，但在井下废旧道或隔离的火区内，可积聚大量氮气，使这一环境中氧的含量相应减少，可使人因缺氧而窒息死亡。例如，河南平顶山矿务局一矿井,1982年9月因主通风机停风,致使采空区积聚的大量氮气逸出,造成采煤工作面综采支架安装人员缺氧窒息死亡的重大伤亡事故,此教训应认真吸取。

导致矿井空气中氮气浓度增大的原因主要有:①从煤层或围岩中涌出氮气,许多低瓦斯矿井的煤岩层气体中,氮气往往占有较大的比例;②铵类炸药爆破以及含氮有机物的腐烂等产生一定量的氮气;③在矿井防灭火中人为注氮,惰化采空区时泄漏的氮气。

由于氮气无毒,实际中可以通过检测氧气的浓度来防止氮气的危害。

## 1.1.4　二氧化碳

### 1. 性质

$CO_2$ 是一种无色、略带酸味的气体,它无毒,亦属于一种窒息性气体。相对密度为1.52,比空气重。不助燃,不燃烧,不能供人呼吸。

### 2. 积聚情况

因二氧化碳比空气重,常积聚在巷道底板附近或下山底端没有风流的地方以及一些低洼处。

### 3. 对人体的影响

因 $CO_2$ 属于煤矿井下的窒息性气体,因此不具有毒性。但 $CO_2$ 微溶于水,其水溶液称为碳酸。

$$CO_2 + H_2O = H_2CO_3$$

二氧化碳　水　碳酸

而人的呼吸道中都含有一定量的水分,通过人的呼吸,$CO_2$ 进入呼吸道生成碳酸,所以 $CO_2$ 对人的呼吸道具有刺激作用,当人体肺泡中 $CO_2$ 增多时,能刺激呼吸神经中枢,因而引起呼吸频繁。所以在急救受某些有毒气体中毒的患者时,常常首先让其吸入含有0.5%二氧化碳的氧气,以增强呼吸。当空气中 $CO_2$ 气体浓度过高时,又会相应降低这一环境中的氧浓度而会使人感到不舒服直至窒息死亡。$CO_2$ 气体对人体的影响详见表1-3。

表 1-3　空气中二氧化碳浓度对人体的影响

| 空气中二氧化碳含量(%) | 对人体的影响 |
|---|---|
| 1 | 呼吸急促 |
| 3 | 呼吸量增加 2 倍,易发生疲劳现象 |
| 5 | 呼吸感到困难,耳鸣,感到血液流动加快 |
| 10 | 头昏,出现昏迷状态 |
| 10~20 | 呼吸处于停止状态,失去知觉 |
| 20~25 | 窒息死亡 |

因此,《煤矿安全规程》第 139 条规定:采掘工作面风流中二氧化碳浓度达到 1.5% 时,必须停止工作,撤出人员,查明原因,制定措施,进行处理。

4. 二氧化碳的主要来源

(1)大气层中的 $CO_2$,随进风流进入煤矿井下;

(2)爆破工作产生;

(3)煤、坑木等有机物的氧化可产生 $CO_2$;

(4)人员呼吸;

(5)瓦斯、煤尘爆炸产生。瓦斯、煤尘爆炸后,在其气体产物中含有大量的 $CO_2$ 和 CO;

(6)矿井水(主要是酸性水)遇碳酸性岩石(方解石、石灰石等)分解产生等;

(7)由煤、岩体内放出。

5. 二氧化碳浓度的检测方法

(1)用 $CO_2$ 气体检定管配合多种气体检定器检测;

(2)用光学瓦斯检定器间接检测空气中的 $CO_2$ 气体浓度。

# 1.2　矿井空气中的有害气体

## 1.2.1　矿井中的八大有害气体

在煤矿井下主要有八大有害气体,即甲烷($CH_4$)、一氧化碳(CO)、二氧化氮($NO_2$)、硫化氢($H_2S$)、二氧化硫($SO_2$)、二氧化碳($CO_2$)、氨气($NH_3$)、氢气($H_2$)。

这里所说的八大有害气体是在煤矿井下主要存在的,但不能说只有八种有害气体。因为在氧化氮中主要以 $NO_2$ 为主,还有少量 $NO$、$N_2O_3$、$N_2O_4$ 等,有时井下还会出现少量的烷烃类气体,如乙烷($C_2H_6$)、乙烯($C_2H_4$)、乙炔($C_2H_2$)等。

### 1. 甲烷

(1)性质。

甲烷俗称"沼气",是一种无色、无味、无毒的气体,相对密度为0.554,在空气中具有较强的扩散性;瓦斯是一种可燃性气体,热值为$3.7 \times 10^7 J/m^3$,是天然气和煤层气的主要成分。初步估计,我国煤层气总量达 $3.0 \times 10^{13} \sim 3.5 \times 10^{13} m^3$,高瓦斯煤矿推行的煤层瓦斯抽放是一项巨大的变害为利的工程。甲烷的化学性质不活泼,通常情况下不与其他物质发生反应。在一定的浓度和点火条件下,能够在空气中燃烧爆炸。

(2)危害。

①窒息。

在无风或微风的巷道中,瓦斯的涌出会挤占空气的空间,使空气中氧气浓度下降。当空气中瓦斯的浓度达到 43% 时,空气中氧气的浓度会降低到 12%,时间稍长则会发生窒息事故。

②燃烧爆炸。

瓦斯爆炸是煤矿最严重的灾害形式,造成了大量的人员伤亡和财产损失。不同的甲烷浓度在空气中发生燃烧的形式不同,空气中甲烷浓度小于 5% 时,瓦斯只能在点燃火源的表面发生附着式的燃烧,不能形成持续的火焰;当空气中甲烷的浓度为 5%～16% 时,甲烷和空气形成了预混可燃气体,其内部有点火源时,则会发生瓦斯爆炸,浓度为 9% 左右时最容易爆炸;当甲烷浓度大于 16% 时,该空气与甲烷的混合气体内部不能被点燃,但是可以在与新鲜空气的接触面上被点燃,形成扩散燃烧的形式。

③瓦斯的异常涌出瓦斯突出、喷出等,可直接造成矿井灾害。

(3)《规程》规定。

采掘工作面的进风流中瓦斯浓度不得超过 0.5%;采区回风巷、采掘工作面回风巷风流中瓦斯浓度不得超过 1.0%;矿井总回风巷或一翼回风巷中瓦斯浓度不得超过 0.75%。

(4)来源。

甲烷由煤层中涌出,煤矿中又称为瓦斯,是煤层的伴生气体,是对煤矿安全危害最为严重的有害气体。

2. 一氧化碳

(1)性质。

CO 是一种无色、无味、无臭的气体。相对空气的密度为 0.97,几乎与空气一样重,极难溶于水,能燃烧、爆炸,有剧毒。CO 与空气几乎一样重且极难溶于水,也就是其危害之所在,井下一旦出现 CO,它能均匀地分布在矿井空气中,只要有暴露的空间,它就可以进入,让人防不胜防。在这方面有过深刻的教训。1988 年山西省朔州市平鲁区某矿发生一起 CO 中毒死亡事故,造成 9 名矿工中毒死亡。

(2)危害。

①毒性。CO 毒性很大。CO 与人体内的血色素的结合力比 $O_2$ 与血色素的结合力大 250～300 倍。当人吸入 CO 后,使血液中毒,阻碍了氧和血红素的结合,破坏运氧功能,使人体缺氧中毒死亡。CO 中毒症状与浓度关系如表 1-4 所示。井下发生瓦斯、煤尘爆炸后的空气中 CO 的浓度可以达到1%～3%。

表 1-4　空气中 CO 对人体的影响

| 空气中 CO 的浓度(%) | 对人体的影响 |
| --- | --- |
| 0.016 | 数小时后有头痛、心跳、耳鸣等轻微中毒症状 |
| 0.048 | 1h 可引起轻微中毒症状 |
| 0.128 | 0.5～1h 引起意识迟钝、丧失行动能力等严重中毒症状 |
| 0.40 | 短时间失去知觉、抽筋、假死;30min 内即死亡 |

中毒特征:嘴唇呈桃红色、两颊有红斑点。平常所说的"煤气中毒",主要是指 CO 中毒,因为煤气中一般含有 7% 的一氧化碳气体。

②爆炸。空气中一氧化碳的爆炸极限为 13%～75%。

(3)《规程》规定。

井下空气中一氧化碳的最高允许浓度为 0.0024%(即 $2.4×10^{-5}$)。

(4)井下空气中 CO 气体的主要来源。

①井下火灾(不完全燃烧,即供氧量不足,便产生 CO);

②井下爆破工作;

③瓦斯、爆尘爆炸(供氧量不足,发生不完全爆炸,也产生一氧化碳);

④机械润滑油的高温裂解也能产生 CO;

⑤煤炭缓慢氧化、自燃。

(5)CO 浓度的测定。

一般多采用比长式 CO 检定管配合多种气体检定器进行检定。

### 3. 二氧化碳

(1)性质。

二氧化碳是一种无色、无味、略有酸性的气体。能溶于水——常温常压下 $1m^3$ 的水可以溶解 $0.73m^3$ 的 $CO_2$，相对密度为 1.52。化学性质比较稳定,略有毒性。

(2)危害。

$CO_2$ 对人的危害是其具有弱毒性或窒息性。在井下通风良好的新鲜风流中,二氧化碳含量极少,对人体无害,通风不良含量超过正常数值时,对人的呼吸系统有刺激作用,引起呼吸频繁、呼吸量增加等。所以在急救有害气体中毒的受害人员时,常常先让其吸入含有 5% 二氧化碳的氧气,以加强肺部的呼吸。当二氧化碳含量过多时,能使人中毒或窒息。空气中二氧化碳对人体的危害程度与浓度的关系如表 1-5 所示。

表 1-5　二氧化碳中毒症状与浓度的关系

| 二氧化碳浓度(体积)/% | 主要症状 |
| --- | --- |
| 1 | 呼吸加深,但对工作效率无明显影响 |
| 3 | 呼吸急促,心跳加快,头痛,人体很快疲劳 |
| 5 | 呼吸困难,头痛,恶心,呕吐,耳鸣 |
| 6 | 严重喘息,极度虚弱无力 |
| 7~9 | 动作不协调,大约 10min 可发生昏迷 |
| 10~20 | 失去知觉,时间长可导致死亡 |
| 20~25 | 中毒(窒息)死亡 |

(3)《规程》规定。

采掘工作面的进风流中二氧化碳浓度不得超过 0.5%;采区回风巷、采掘工作面回风巷风流中二氧化碳浓度不得超过 1.5%;矿井总回风巷或一翼回风巷中二氧化碳浓度不得超过 0.75%。

(4)来源。

岩层中涌出,坑木、煤炭的氧化,燃烧,爆破,柴油设备作业以及人员的呼吸等都会产生一定的二氧化碳。

4. 二氧化硫

(1)性质。

二氧化硫是一种无色、有强烈的硫磺燃烧臭味和酸味的气体。相对密度为 2.21,易溶于水,不燃,不爆,具有毒性。溶于水后的水溶液有腐蚀性,可腐蚀钢轨、水管、水泵等。

(2)危害。

二氧化硫对人的呼吸道、眼睛有强烈的刺激作用,矿工习惯上称它为"瞎眼气体"。

二氧化硫与人的鼻、眼、喉、呼吸道、气管接触后生成亚硫酸,有腐蚀作用,严重时会引起肺水肿。

$$SO_2 + H_2O = H_2SO_3$$

二氧化硫　水　　亚硫酸

$H_2SO_3$ 很不稳定,在常温下就能被空气中的氧气氧化为硫酸。

$$2H_2SO_3 + O_2 = 2H_2SO_4$$

亚硫酸　氧气　硫酸

$SO_2$ 对人体的影响如表 1-6 所示。

表 1-6　二氧化硫对人体的影响

| 空气中 $SO_2$ 浓度(%) | 对人体的影响 |
|---|---|
| 0.0005 | 能闻到硫磺燃烧的酸臭味 |
| 0.002 | 对眼和呼吸器官有刺激作用 |
| 0.005 | 引起急性支气管炎及肺水肿,并在短时间内死亡 |

(3)《规程》规定。

井下空气中二氧化硫的浓度不得超过 0.0005%。

(4)井下空气中 $SO_2$ 的来源。

①含硫矿物的氧化或自燃;

②在含硫矿物中爆破等都能产生二氧化硫;

③由煤、岩体中放出。

(5)检测方法。

用比长式二氧化硫检定管配合多种气体检定器进行检定。

5. 硫化氢

(1)性质。

硫化氢是一种无色、微甜、有强烈的臭鸡蛋味的气体。相对密度为 1.18,易溶于水,能燃烧、爆炸,有剧毒。

(2)危害。

①毒性。硫化氢具有强烈的毒性,它的毒性比 CO 的毒性还大。$H_2S$ 溶于水后形成氢硫酸,其危害见表1-7。

表 1-7　硫化氢对人体影响

| 硫化氢浓度(%) | 主要症状 |
| --- | --- |
| 0.0001 | 强烈的臭鸡蛋味 |
| 0.01 | 流清鼻涕和唾液,呼吸困难,瞳孔放大 |
| 0.05 | 中毒中重度,失去知觉,可发生肺炎、支气管炎及肺气肿,有死亡危险 |
| 0.1 | 很快昏迷,短时间内死亡 |

(3)《规程》规定。

井下空气中硫化氢的浓度不得超过 0.00066%。

(4)来源。

①直接由煤、岩体内放出;

②含硫矿物的水解亦能产生硫化氢;

③坑木腐烂也产生硫化氢。

(5)检测方法。

用比长式硫化氢检定管配合多种气体检定器可检查矿井空气中硫化氢的浓度。

6. 二氧化氮

(1)性质。

二氧化氮是一种红褐色或者棕红色有刺激性的腥、辣、酸、臭味的气体。相对密度为1.59,不助燃,不燃烧,不爆炸,极易溶于水,并与水化合生成硝酸,有强烈的毒性。

(2)危害。

二氧化氮极易溶于水而生成硝酸,对人的鼻腔、眼睛、呼吸道及肺部有强烈的刺激作用与腐蚀作用,可引起肺部水肿,使其血液中毒直至死亡。

$$3NO_2 + H_2O = 2HNO_3 + NO$$

二氧化氮　水　硝酸　一氧化氮

二氧化氮中毒具有潜伏期,二氧化氮中毒的症状与浓度关系如表1-8所示。

表 1-8 二氧化氮中毒的症状与浓度关系

| 二氧化氮浓度(%) | 主要症状 |
|---|---|
| 0.004 | 2~4h 内不致显著中毒,6h 后出现中毒症状,咳嗽 |
| 0.006 | 短时间内喉咙感到刺激、咳嗽、胸痛 |
| 0.01 | 强烈刺激呼吸器官,严重咳嗽、呕吐、腹泻、神经麻木 |
| 0.025 | 短时间内死亡 |

(3)《规程》规定。

井下空气中二氧化氮气体浓度不得超过 0.00025%。

(4)来源。

二氧化氮主要是爆破作业的产物。我国矿用炸药最主要的成分为硝酸铵,硝酸铵爆炸后直接产生大量的二氧化氮气体。因此必须注意爆破后的通风问题。

$$4NH_4NO_3 \xrightarrow{\text{爆炸}} 2NO_2 + 3N_2 + 8H_2O$$
$$\text{硝酸铵} \quad \text{二氧化氮} \quad \text{氮气} \quad \text{水}$$

(5)检测方法。

用比长式二氧化氮气体检定管配合多种气体检定器检定 $NO_2$ 气体浓度。

7. 氢气

$H_2$ 是整个宇宙中最轻的一种气体,过去曾叫"轻气"。

(1)性质。

氢气是一种无色、无味、无臭、无毒的气体,相对密度为 0.07,能燃烧、爆炸,它最易点燃,燃点为 300℃。

(2)《规程》规定。

矿井下空气中,氢气的浓度不得超过 0.5%。

(3)来源。

矿井下蓄电池充电硐室发生电解水反应,可产生氢气。

$$2H_2O \xrightarrow{\text{电解}} 2H_2 + O_2$$
$$\text{水} \quad \text{氢气} \quad \text{氧气}$$

8. 氨气

(1)性质。

氨气是一种无色、有氨水的辛辣臭味的气体,其相对密度为 0.59,易溶于水,能燃烧、爆炸,有毒。

(2)危害。

氨气能刺激人的皮肤及上呼吸道,重者死亡。

(3)《规程》规定。

井下空气中氨气的浓度不得超过 0.004%。

(4)井下空气中氨气的主要来源。

①爆破时生成;

②火区氧化等都能产生氨气;

③有机物的氧化腐烂。

## 1.2.2　矿井有害气体的检测方法

矿井有害气体检测是防止有害气体危害的前提,也是矿井通风安全测量的重要内容。检测的目的是掌握矿井有害气体的浓度及规律,确定是否符合《规程》规定。若不符合,则必须采取措施进行处理。通过气体检测还可以检查漏风,分析通风质量,分析火区状态及预测井下煤炭自燃等。这里只对有害气体的检测方法进行概述。

煤矿有害气体检测有三种方式:现场测试、化验室分析和矿井环境安全监测系统在线监测。

1. 现场测试

用便携式检测仪器到井下检测地点进行测试。测试方法主要有:

(1)检定管检测法。

检定管是内部装有吸附了化学试剂的颗粒状指示胶的玻璃管。测试不同气体的检定管,其指示胶吸附的化学试剂不同。测试时,用吸气装置在一定时间内定量地抽取被测气样,并流经检定管,当含有被测气体的空气已通过检定管时,被测气体与吸附的化学试剂发生化学反应,指示胶颜色发生变化。根据检定管内指示剂变色的长度或变色的程度来确定气体的浓度。前者称为比长式,后者称为比色式。目前主要采用比长式检定管,因为比色式检定管存在颜色不易辨认,定量测定准确性差等缺点。检定管法一般用于测定化学活泼性高的气体,方法简单,测定速度快。煤矿使用的检定管有一氧化碳、二氧化碳、硫化氢、二氧化硫、氨气、二氧化氮、氧气和氢气等检定管。

(2)光学检定器检测法。

可以根据需要选用不同测定对象的光学检定器。井下广泛使用光干涉式瓦斯检定器,它可以同时测量 $CO_2$。常用的有量程 $0\%\sim10\%CH_4$（精度 $0.01\%$）和 $0\%\sim100\%CH_4$（精度 $0.1\%$）两种。这类仪器维护简单,可靠性高,但操作较麻烦,不适合用于检测微量气体。

（3）氡气检测。

氡及其子体的测量方法很多,检测氡主要有活性炭浓缩法、静电计法、双滤膜法、闪烁室法等。检测氡子体方法有托马斯三段法、季夫格劳三点法、马尔科夫法、马兹等的 Q 谱仪法和部分计数法等。常用仪器为氡气检测仪。

（4）数字式便携检测仪检测法。

根据被测气体的化学、物理特性制成敏感元件,将被测气体的浓度大小转换到电信号上,以数字形式显示出来。数字式便携检测仪操作简单方便,可连续检测,超限报警功能,但应注意环境及其他气体的影响。煤矿常用的有单一气体检测仪（如氧气检测仪、瓦斯检测仪、二氧化碳检测仪、一氧化碳检测仪等）和多种气体检测仪（如瓦斯、一氧化碳、氧气复合检测仪）。

2. 化验室分析

采用红外光谱仪、气相色谱仪等设备对采集的气样进行测定分析,可以准确测定井下空气的各种成分。气样采集的方法有束管系统采集法和人工取样器采集法。束管系统采样是通过束管将井下气体采样点连到化验室,用真空泵抽取气样,一般束管系统与其相色谱仪可以实现联机自动分析。化验室分析可全面分析测定气体成分或者检测微量气体,常用于测定分析煤炭自燃指标气体,预报煤炭自燃。

3. 矿井环境安全监测系统在线监测

这是在矿井下固定地点设置气体传感器监测被测气体的浓度,并通过光缆或电缆将气体浓度信息传输到地面,进行集中连续监测管理。在气体监测方面,监测系统主要用于监测各测点的常测气体,包括瓦斯、二氧化碳、一氧化碳及氧气浓度。也可同时监测其他生产状态和环境参数。

## 1.2.3　防止有害气体危害的基本措施

防止有害气体产生危害,是矿井通风安全工作的重要任务。防止煤矿井下有害气体危害人体必须有可靠的技术措施。

（1）加强通风。矿井通风是保证井下风流质量的基本措施,对于防治矿井有害气体的作用为:①生产井巷必须有适当的风速,防止有害气体积聚;

②瓦斯和二氧化碳是矿内有害气体中的主要成分,稀释它们所需要的风量最大,稀释有害气体,使之符合《规程》要求;③稳定可靠的通风可以控制有害气体的漏出。

(2)对于爆破作业或有二氧化碳等气体涌出时,应加强喷雾洒水和湿式作业,使有害气体溶解在水中。若在水中加入适量的石灰或一些药剂,效果会更好。水炮泥爆破对减少爆破产生的二氧化氮等有害气体有很显著的效果。

(3)抽放、排放有害气体。对于有害气体含量高的煤层或采空区,可以采用抽放的方法将气体抽出到地面。一方面可以减小对井下的危害,另外还可以加以利用,如高瓦斯矿井广泛应用的瓦斯抽放(见"矿井瓦斯防治与利用"一章)。对于生产区域局部积聚的有害气体,还可以采用井下科学排放的方法加以处理。

(4)加强对含氡矿井水、水仓的管理,凡有大量含氡污水涌出的巷道要设置排水沟并加盖板。井下污水仓要加盖板,同时要有专门的回风系统。凡含有氡的污水,不得在井下地面循环使用。

(5)井下通风不良的地区或不通风的巷道,应该及时封闭或设置栅栏,并挂上"禁止入内"等明显标志,以防人员误入发生缺氧窒息事故。对于采空区或废弃巷道要及时密闭,防止有害气体涌出及发生其他灾害。

(6)配戴自救器及个体防护设备,可在井下发生火灾、爆炸事故后,防止有害气体(如 CO)中毒。

# 1.3 矿井气候条件分析

## 1.3.1 矿井气候条件及其对人体热平衡的影响

矿井气候条件是指矿井空气温度、湿度、大气压力和风速等参数所反映的综合状态,反映的是人体对井下环境的热感受。人不论在休息或在工作时,身体不断地产生和散失热量,以保持热平衡,人体产生热量的多少主要取决于年龄、体质和劳动强度的大小,劳动强度越大,产生热量越多,成年人进行繁重劳动时每小时产生的热量约为 1100kJ,进行轻微劳动时每小时产生的热量约为 500kJ。人体产生的热量一部分用来维持人体自身的生理机能活动以及满足对外做功的需要,而大部分都通过散热的方式排出体外。人体散热主要是通过人体皮肤表面与外界的对流、辐射和汗液蒸发的形式进行,呼吸和排泄也散发少量的热。辐射散热主要取决于周围环境的温度;对流散热主要取决于周围空气的温度和流速;蒸发散热主要取决于周围空气的相对湿度和流速,当空气的温度达到人的皮肤温度(33℃～34℃)时,出汗蒸发几乎成为人体唯一的散热方式。人体每蒸发 1g 汗液,可以散热 2.42kJ。所以,工作环境的温度、湿度和风速的综合状态决定人体的散热条件。三者合理组合时,人体能够依靠自身的调节机能,使散热量和产热量之间保持相对平衡,体温保持在正常范围,人的生理活动保持正常。

在井下的劳动时,比较适宜的空气温度为 15℃～20℃,风速为 1m/s 左右。此时人会有比较舒适的感觉。当空气温度超过 25℃时,将不利于劳动状态下人体的散热。空气的湿度决定着蒸发的效果。湿度低于 30%,空气干燥、蒸发过快;湿度高于 80%,空气高湿,蒸发困难;湿度达到 100%,蒸发停止;人体感觉最适宜的湿度为 50%～60%。在井下,空气湿度难以调节,往往是通过合理调节温度和风速,给工作环境创造一个比较舒适的工作气候条件。井下空气温度和风速之间的合适关系如表 1-9 所示,此表数据可以作为工作地点计算风量的依据。

表 1-9　空气温度和湿度之间的合适关系

| 空气的温度/℃ | <15 | 15～20 | 20～22 | 22～24 | 24～26 |
|---|---|---|---|---|---|
| 适宜风速/m・s⁻¹ | <0.5 | 0.5～1.0 | 1.0～1.5 | 1.5～2.0 | >2.0 |

《规程》第 102 条规定:生产矿井采掘工作面空气温度不得超过 26℃,机电设备硐室的空气温度不得超过 30℃。采掘工作面的空气温度超过 30℃,机电设备硐室的空气温度超过 34℃时,必须停止作业。

当矿井气候条件不能满足人体的产热和散热的平衡时,则会对人体产生危害。比如,寒冷地区,风速大、气温低的环境,潮湿空气会带走人体过多的热量。当温湿度过高的时候,会使人体的对流、辐射、蒸发散热大大降低,人体的热量不能及时散出,甚至超过人体的热承受能力,会给人体健康和矿井安全生产带来危害,即矿井热害。矿井高温热环境的危害主要表现在:①高温高湿的作业环境中会使作业人员精神烦躁、疲惫乏力、精力不集中,增加了事故的发生率;②人长时间处在高温热环境中生理调节机能将发生障碍,出现体温升高,代谢紊乱,心跳加快,心律失常,血压升高等现象,甚至虚脱中暑,严重时可导致昏迷或死亡;③易引发其他灾害,如增大瓦斯涌出量,煤层自然发火危险性增加等;④影响作业人员的劳动生产效率。

我国在 20 世纪 70 年代开始关注矿井热害,随着煤矿开采强度的增大、机械化程度的不断提高和开采深度的增加,热害程度也日益严重。到目前为止,我国已有上百座高温矿井采掘工作面最高气温超过《规程》的规定。矿井高温已成为矿井通风安全领域的一个重要课题。

## 1.3.2　矿井的气候特征分析

### 1. 矿井空气的温度

空气温度是影响矿井气候最敏感的因素,矿内风流的气温超出规定范围时就得采取加热或降温措施。机电硐室除外。

(1)影响井下空气温度变化的主要因素。

①地面空气温度。

矿井空气来自地面,地面空气温度对井下气温有直接的影响。尤其在冬、夏两季和开采深度较浅的矿井,影响较为显著。夏季地面空气温度很高,热空气进入井下后,使井下气温升高。冬季地面空气温度很低,冷空气流入矿井后,使井下气温降低。昼夜温差也会对井下产生影响。对于开采深度大的矿井,由于受到围岩温度的调节作用,地面气温对进风段影响较大,而对采区及回风区域的空气温度变化影响较小。

②机电设备散热。

井下机电设备所消耗的能量可转换为热能,使风流温度升高。随着矿井机械化程度和开采强度的不断提高,机电设备的功率越来越大,一个综放工作面机电设备的装机功率会超过 2000kW,工作运行时,会使工作面风流显著的温升。机电设备散热主要是在机电设备比较集中的采掘工作面、生产巷道及机电硐室。

③围岩温度。

岩层温度对井下空气温度影响很大。井巷围岩向风流的传热主要取决于围岩与风流之间的温度差和传热系数的大小。在地面以下 25~30m 深度的地带,岩层的温度基本上是常年恒定,这一地带被称为恒温带。在恒温带以上,岩层温度随地面气候而改变,在恒温带以下,岩层温度随深度的增加而升高,岩层温度增加 1℃时所增加的垂直深度称为地温率。各地区的地温增加率是有所差异的,在含煤地层中地温率一般为 30m/℃~35m/℃。根据恒温带的温度与地温率就可以计算出不同深度地层的温度。

$$t = t_{恒} + \frac{Z - Z_{恒}}{g_{温}} \tag{1-1}$$

式中　$t_{恒}$——恒温带的岩层温度,℃;

　　　$t$——深度为 $Z$ 米处的岩层温度,℃;

$Z_{恒}$——恒温带深度,m;

$Z$——地下岩层温度为$t(℃)$处的深度,m;

$g_{温}$——地温率,m/℃。

井巷围岩向风流的传热主要取决于围岩与风流之间的温度差和传热系数的大小。

④空气的压缩与膨胀。

当空气沿井筒向上流动时,因膨胀作用而降温,平均每升高100m,温度下降0.8℃～0.9℃;相反当空气向下流动时,则空气受到压缩作用而产生热量,一般垂深每增加100m,其温度升高1℃左右。

⑤地下热水。

矿井地层中如有高温热泉或有地热水涌出时,能使地下岩层温度升高,或直接向风流散热;若低温的地下水活动强烈,则地下岩层温度降低。

⑥水分蒸发。

水分蒸发吸热矿井通风的过程可以带走井下大量的水蒸气,矿井水分的不断蒸发,将从空气中吸收热量,使空气温度降低。蒸发1kg水可吸收2.5kJ的热量,可以使$1m^3$空气的温度降低1.9℃。

⑦其他热源。

其他热源主要有井下煤炭等氧化生热、风流的摩擦热及人体散热等。

(2)井下空气温度的变化规律。

①进风段。

进风段是指从进风井、进风石门、进风大巷直到采区入口的通风路线。风流温度主要受到地面气温、空气自压缩、围岩温度、水分蒸发等因素影响。冬季井巷围岩向风流散热,风流温度逐渐升高;夏季风流温度逐渐降低。进风路线上,矿井空气温度随四季而变化,影响比较明显的范围取决于通风强度,围岩的散热条件等。风流到达采区时地面气温的影响不明显,巷道风温基本已达稳定。

②采区段。

采区段是指从采区入口、进风巷、采掘工作面、回风巷到采区出口的通风路线。采区是矿井的生产区域,机电设备多,采落煤岩及原岩放热量大,人员劳动强度大,放热多,以及煤岩氧化生热、爆破工作等,有加热风流的作用,气温逐渐升高,一般到采掘工作面风流达到最高温度。到采区回风巷,由于围岩散热已趋稳定,加之漏风等,风流温度会有所下降。

③回风段。

回风段是指从采区出口、回风大巷、回风井到风硐的通风路线。由于围岩散热比较稳定,矿井漏风,风流向上流动体积膨胀等,使风流温度比采区有所降低。这一区段热源较少,主要是水蒸气凝结热、风流摩擦等。风流温度分布比较恒定,而且几乎常年不变。

矿井风流温度分布及变化规律如图 1-1 所示。

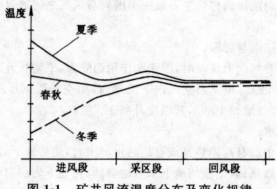

**图 1-1 矿井风流温度分布及变化规律**

### 2. 矿井空气湿度

(1)空气湿度的表示方法。

空气湿度是对空气中所含的水蒸气量多少而言,空气中水蒸气量越多,则湿度越大。表示空气湿度的方法有多种,如绝对湿度、相对湿度、露点温度、含湿量等,下面主要讨论绝对湿度和相对湿度。

①绝对湿度。

单位体积的湿空气中所含水蒸气质量,即为绝对湿度,用 $\rho_v$ 表示:

$$\rho_v = \frac{m_v}{V} \tag{1-2}$$

式中:$m_v$——水蒸气的质量,kg;

$V$——空气的体积,$m^3$。

在一定的温度和压力下,单位体积空气所能容纳的水蒸气量是有极限的,超过这一极限值,多余的水蒸气会凝结出来。这种含有极限值水蒸气的湿空气称为饱和空气,其含水蒸气量称为饱和湿度。用符号 $\rho_s$ 表示。饱和湿度是定值,可查表得出。

②相对湿度。

单位体积空气中实际含有的水蒸气量与同温度下的饱和水蒸气含量之比的百分数为相对湿度,可用下式表示:

$$\varphi = \frac{\rho_v}{\rho_s} \times 100\% \tag{1-3}$$

相对湿度的大小可反映空气接近饱和的程度。$\varphi$ 值大表示空气潮湿,吸收水分能力弱;$\varphi$ 值小则空气干燥,吸收水分的能力强。$\varphi=1$ 即为饱和空气,$\varphi=0$ 即为干空气。

(2)井下空气湿度的变化规律。

影响矿井空气湿度的因素主要是温度变化和水分蒸发:①矿井涌水量及煤岩层的含水情况;②井下湿式作业情况,特别是喷雾洒水等;③地面空气的湿度,受天气、季节和地理位置的影响。我国湿度分布为,沿海地区平均湿度较高(平均 70%~80%),向内陆逐渐降低,西北地区最低(平均为 30%~40%)。

相对湿度根据风流的绝对湿度和温度而变化。风流的相对湿度的变化规律为:在进风段,冬季,由于进入井巷的风流温度升高,使空气的吸湿能力增大,会感觉空气比较干燥;夏季,由于进入井巷的风流温度的降低,使空气的饱和能力下降,相对湿度升高,感觉比较潮湿,即所谓的"冬干夏湿"的现象。但是对于多数矿井,较干燥的空气进入井下,由于井巷的淋水和蒸发,风流的相对湿度会逐渐增大。例如井巷内滴水,能使空气的湿度增至 90%。在进风大巷和采区进风巷道的升温段,风流温度的升高和巷道的水源较少,风流的相对湿度会有所下降。到采掘工作面,湿式作业的大量水分蒸发,相对湿度上升很快,到工作面回风巷,空气中的水分基本达到饱和。井下空气湿度一般变化规律如图 1-2 所示。

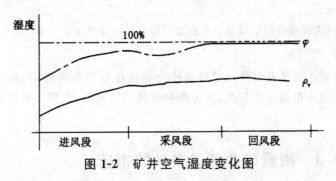

图 1-2　矿井空气湿度变化图

3. 矿井风速

矿井风速的大小取决于流过风量的大小和巷道的段面积。一般,采区巷道,风量比较分散,风速较小;矿井的总进、总回风巷道风量集中,风速往往比较大。风速过小,不利于散热,且容易造成有害气体积聚;风速过大,会使工作人员感觉不适,同时还会吹起矿尘,污染作业环境。因此,井巷风速必须在规定的合理范围内,如表 1-10 所示。

表 1-10　井巷中的允许风流速度

| 井巷名称 | 允许风速/m·s$^{-1}$ | |
| --- | --- | --- |
| | 最低 | 最高 |
| 无提升设备的风井和风硐 | 15 | 15 |
| 专为升降物料的井筒 | 12 | 12 |
| 风桥 | 10 | 10 |
| 升降人员和物料的井筒 | 8 | 8 |
| 主要进、回风巷 | 8 | 8 |
| 架线电机车巷道 | 1.0 | 8 |
| 运输机巷,采区进、回风巷 | 0.25 | 6 |
| 采煤工作面、掘进中的煤巷和半煤岩巷 | 0.25 | 4 |
| 掘进中的岩巷 | 0.15 | 4 |
| 其他通风人行巷道 | 0.15 | |

注:①设有梯子间的井筒或修理中的井筒,风速不得超过 8m/s;梯子间四周经封闭后,井筒中的最高允许风速可按表中有关规定执行。

②综合机械化采煤工作面,在采取煤层注水和采煤机喷雾降尘等措施后,其最大风速可高于 4m/s 的规定值,但不得超过 5m/s。

③专用排瓦斯巷道的风速不得低于 0.5m/s,抽放瓦斯巷道的风速不应低于 0.5m/s。

④无瓦斯涌出的架线电机车巷道中的最低风速可低于 1.0m/s,但不得低于 0.5m/s。

由于矿井空气有粘性以及流动中与巷道壁面的摩擦作用,使得巷道断面上风速的分布是不均匀的,巷道断面中间的风速大,越靠近巷道的边壁风速越小。

## 1.3.3　衡量矿井气候条件的指标

矿井气候条件是由温度、湿度和风速综合作用决定的,很难找到一项能够准确地完全反映矿井气候条件适宜程度的指标。人们提出了多种指标用来衡量气候条件,主要有干球温度、湿球温度、卡他度、同感温度等。此外还有四小时出汗量、比冷力、热强指标等,这里主要讨论前四种。

1. 干球温度

干球温度是我国现行的评价矿井气候条件的指标之一。一般来说,矿井空气的相对湿度变化不大,所以干球温度能在一定程度上直接反映出矿井气候条件的好坏。而且使用这个指标也比较简单方便。但它只能反映气温对矿井气候条件的影响,而没有反映出气候条件中湿度和风速对人体热平衡的综合作用,所以有较大的局限性。

2. 湿球温度

在相同的气温下,若湿球温度与气温相接近,则相对湿度较大;若湿球温度较低,则相对湿度较小。因此用湿球温度这个指标可以反映空气温度和相对湿度对人体热平衡的影响,比干球温度要合理些。但这个指标仍没有反映风速对人体热平衡的影响。

3. 卡他度

卡他度是由英国 L. 希尔等人提出的。卡他度用卡他计测定。卡他计是一种酒精温度计,如图 1-3 所示。

图 1-3　卡他计

卡他计下端有一个贮液球,上端有一个小空腔,玻璃管上有 35℃ 和 38℃ 两个刻度,这两个温度的平均值恰好等于人的正常体温。测定时,把贮液球置于热水中加热,当酒精柱上升至小空腔的一半时取出,擦干贮液球表面水分,再将其悬挂于待测空气中,由于液球散热,酒精柱开始下降,用秒表记下从 38℃ 降到 35℃ 所需时间 $t$,用下式求得干卡他度 $K_d$（W/m$^2$）:

$$K_d = 41.868 \frac{F}{t} \qquad (1-4)$$

式中　$F$——卡他常数,每只卡他计玻璃管上都标有 $F$ 值。

干卡他度可反映气温和风速对气候条件的影响,但是未反映空气湿度的影响。为测出温度、湿度和风速的综合作用效果,需要采用湿卡他度 $K_w$。湿卡他度是在卡他计贮液球上包上一层湿纱布时测得的卡他度,其计算方法和实测与干卡他度相同。对高温、高湿矿井用湿卡他度来衡量矿井气候条件比干卡他度更合适。

4. 同感温度

同感温度是由美国采暖工程师协会提出的。这个指标是通过实验，凭受试者对环境的感觉而得出的。实验时，他们先将三个受试者置于一个相对湿度为 $\varphi$、温度为 $t$、风速为 $\nu$ 的环境里，并记下他们的感受；然后把他们请到另一个相对湿度为 100%，温度可调（记为 $t_1$），风速为零的环境里，调节温度，直到他们的感受与第一个环境相同，那么则称 $t_1$ 为第一个环境的同感温度。这个指标可以反映出湿度、温度和风速这三者对人体热平衡的综合作用。同感温度越高，人体舒适感就越差。

上述一系列实验，可绘制出同感温度计算图，如图 1-4 所示。利用该图，只要测知空气的干球温度、湿球温度和风速，即可查得被测环境的同感温度。

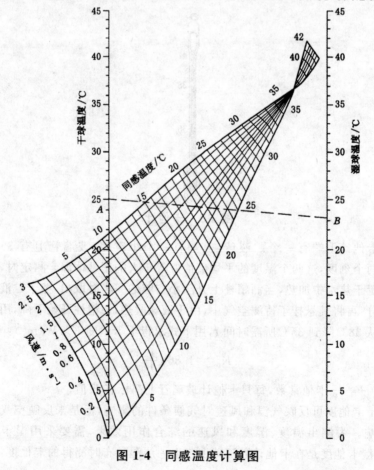

图 1-4　同感温度计算图

同感温度的优点是同时考虑了干球温度、湿球温度和风速的综合作用。但它是以人的主观感受为基础确定的,其客观性和准确性存在不足。

## 1.3.4　井下气候条件的改善

改善井下气候条件的目的是将井下特别是采掘工作面的空气温度、湿度和风速调配得当,以创造良好的劳动环境,保证矿工的身心健康。

1. 降温

目前采用的降温方法有:
(1)制冷降温。

使用机械制冷设备强制制冷来降低工作面气温。目前机械制冷方法有三种:地面集中制冷机制冷、井下集中制冷机制冷、井下移动式冷冻机制冷。
(2)通风降温。

建立合理的通风系统,尽量避开或减少进风路线的热源,缩短进风路线;提高矿井进风量,加大巷道和采掘工作面的风速以改善气候条件。

此外还有利用低温岩层降温、地层恒温水降温、制冰降温、压气降温等技术,且已在部分矿井应用或研究。

2. 空气的预热

冬季气温较低,为保护矿工的身体健康和防止井底结冰造成提升、进风井筒、运输事故,必须对空气预先加热。通常采用的预热方法是使用蒸气或水暖设备,将一部分风量预热,并使其进入井筒与冷空气混合,以使混合后的空气温度不低于 2℃。还有采用岩层预热空气的方法。

3. 加强空气湿度控制

实践表明,井巷内滴水,能使矿内湿度增至 90%～95%。一般应该防止井巷内的滴水。井筒内有淋水时,可在含水层下部修筑积水圈等设施。为防止巷道内滴水,可在滴水处设置挡水板,减少风流与滴水的直接接触,减少水分的蒸发。减少排水系统的蒸发,及时清除积水,防止水沟敞开和管道泄漏。尽量减少进风流的尘源,从而减少喷雾洒水等增湿环节等。

# 第2章 矿井空气流动理论探析

本章主要阐述矿井风流流动过程中的基本规律,重点介绍空气的主要物理参数,风流的能量与压力的基本概念;压力测量方法及压力之间的关系;以及矿井通风中的能量方程和应用。

## 2.1 矿井空气的主要物理参数

### 1. 空气的压力(压强)

空气分子永不停息、无规则的热运动对容器壁产生的压强,习惯称为空气的绝对静压,是气体状态的基本参量之一。大气压为绝对静压,以真空为起算点。大气压单位为 Pa(帕)或 MPa(兆帕)或 mbar(毫巴,气象部门常用),曾经也用过 $mmH_2O$(毫米水柱)和 mmHg(毫米汞柱),现已规定不用。

物理规定:标准大气压是指北纬45°海平面上空气为0℃时的大气压,一个标准大气压(1atm)相当于101325Pa。

空气压力的主要国际单位为 Pa(帕斯卡),简称帕,$1Pa=1N/m^2$。另外还有 kPa(千帕)、MPa(兆帕),$1MPa=10^3kPa=10^6Pa$。有的压力仪器也用 hPa(百帕)表示,$1hPa=100Pa$。其他工程压力单位及换算见表2-1。

表 2-1 压力单位换算表

| 单位名称 | 帕斯 Pa | 巴 bar | 公斤力/米²<br>$mmH_2O$ | 公斤力/厘米²<br>(工程大气压)at | 毫米汞柱<br>mmHg | 标准大气压<br>atm |
|---|---|---|---|---|---|---|
| Pa | 1 | $10^{-5}$ | 0.101972 | $0.101972 \times 10^{-4}$ | $7.50062 \times 10^{-3}$ | $9.86923 \times 10^{-6}$ |
| $mmH_2O$ | 9.80665 | $9.80665 \times 10^{-5}$ | 1 | $1 \times 10^{-4}$ | $7.35559 \times 10^{-2}$ | $9.67841 \times 10^{-5}$ |
| mmHg | 133.322 | $1.33322 \times 10^{-3}$ | 13.595 | $1.3595 \times 10^{-3}$ | 1 | $1.31579 \times 10^{-3}$ |
| atm | 101325 | 1.01325 | 0332.3 | 1.03323 | 760 | 1 |

2. 空气的密度

单位体积空气的质量称为空气的相对密度,或称为空气的体积质量,其定义式为:

$$\rho = \frac{M}{V} \tag{2-1}$$

式中　$\rho$——空气的相对密度,$kg/m^3$;

　　　$M$——空气的质量,$kg$;

　　　$V$——质量为 $M$ 的空气所占有的体积,$m^3$。

空气的相对密度是表示空气疏密的一个物理量,它与大气压力、温度和湿度等因素有关。

湿空气的密度,由单位体积内的干空气密度与水蒸气的密度组成。计算湿空气相对密度的公式为:

$$\rho_i = \frac{0.00348(P_i - 0.379\varphi_i P_b)}{273.15 + t_d}, kg/m^3 \tag{2-2}$$

式中　$\rho_i$——测点 $i$ 处湿空气相对密度,$kg/m^3$;

　　　$P_i$——测点 $i$ 处空气的绝对静压(大气压力),$Pa$;

　　　$\varphi_i$——测点 $i$ 处空气的相对湿度,%;

　　　$t_d$——测点 $i$ 处空气的干温度,℃;

　　　$P_b$——测点 $i$ 处 $t_d$ 空气温度下的饱和水蒸气压力,$Pa$。

空气压力越大,湿度越低,空气相对密度越大。当大气压力与温度一定时,湿空气的密度总是小于干空气的密度。

在标准大气状态下($P_0 = 101.325kPa, t = 0℃, \varphi = 0\%$),干空气的相对密度为 $1.293kg/m^3$。在标准矿井空气条件($P_0 = 101.325kPa, t = 20℃, \varphi = 60\%$),湿空气的相对密度为 $1.2kg/m^3$。

3. 空气的比容

单位质量空气所占有的体积称为空气的比容,用 $v(m^3/kg)$ 表示,比容和相对密度互为倒数,它们是一个状态参数的两种表达方式,即:

$$v = \frac{V}{M} = \frac{1}{\rho} \tag{2-3}$$

4. 空气的黏性

空气抗拒剪切力的性质称为空气的黏性,它是空气流动时产生阻力的内在因素。任何流体都有黏性。当流体以任一流速在管道中流动时,相邻两流层之间的接触面上便产生黏性阻力(内摩擦力),以阻止其相对运动。

根据牛顿内摩擦力定律,流体分层间的内摩擦力为:

$$F_\mu = \mu \cdot S \frac{\mathrm{d}\mu}{\mathrm{d}y}$$ (2-4)

式中　$F_\mu$——内摩擦力,N;

　　　$\mu$——动力黏性系数,Pa·s;

　　　$S$——流体相邻分层之间的接触面积,$m^2$;

　　　$\frac{\mathrm{d}\mu}{\mathrm{d}y}$——垂直于流体方向上的速度梯度,$\frac{m/s}{m}$。

在空气动力学中,空气的黏性通常用动力黏性系数 $\mu$ 与相对密度 $\rho$ 的比值,即运动黏性系数或运动黏度 $\nu$ 表示,即:

$$\nu = \frac{\mu}{\rho}$$ (2-5)

式中　$\nu$——运动黏性系数,$m^2/s$。

流体的黏性随温度和压力的变化而变化,对空气而言,气体的黏性随气温的升高而增大,是由于黏性主要起因于分子间的动量交换,温度升高,动量交换增强,黏性增大。不论空气是否流动,空气具有黏性的性质是不变的。

在标准大气压下,空气的动力黏性系数 $\mu = 1.6858 \times 10^{-5}$ Pa·s,运动黏性系数 $\nu = 1.3 \times 10^{-5}$ $m^2/s$。

## 2.2　矿井风流的能量

风流流动时,单位体积所具有的总机械能(包括静压能、动能和位能)及内能之和称为矿井风流的能量。风流之所以能够流动,其根本原因是系统中存在着能量差,所以风流的能量是风流流动的动力。单位体积空气所具有的能够对外做功的机械能就是压力。

1. 静压能与静压

(1)静压能与静压的概念[①]。

由于空气分子热运动而使单位体积空气具有的对外做功的机械能量称为静压能,用 $E_{P_{静}}$ 表示($J/m^3$)。空气分子热运动不断地撞击器壁所呈现的力的效应(压强)称为静压力,简称静压,用 $P_{静}$ 表示($N/m^2$,即 Pa)。

---

① 谢中朋．矿井通风与安全．北京:化学工业出版社,2011.

静压和静压能在数值上大小相等,静压是静压能的等效表示值。

(2)静压的特点。

①不论空气是否流动都会呈现静压。

②由于空气分子向器壁撞击的概率是相同的,所以风流中任一点的静压各向同值,且垂直作用于器壁。

③静压的大小反映了单位体积空气具有的静压能。

④静压是可以用仪器测量的,大气压力就是地面空气的静压值。

⑤静压是可以计算的,大气压力用波耳兹曼公式计算。

(3)空气静压的两种测算基准[①]。

空气的静压有两种测算基准,即绝对压力和相对压力。

①绝对压力。以真空为基准测算的压力称为绝对压力,用 $P$ 表示。由于以真空为零点,有空气的地方压力都大于零,所以绝对压力总是正值。

②相对压力。以当地当时同标高的大气压力为基准测算的压力称为相对压力,用 $h$ 表示。对于矿井空气来说,井巷中空气的相对压力 $h$ 就是其绝对压力 $P$ 与当地当时同标高的地面大气压力 $P_0$ 的差值,即:

$$h = P - P_0$$

当井巷空气的绝对压力一定时,相对压力随大气压力的变化而变化。相对压力有正负之分,在压入式通风矿井中,井下空气的绝对压力都高于当地当时同标高的大气压力,相对压力是正值,称为正压通风;在抽出式通风矿井中,井下空气的绝对压力都低于当地当时同标高的大气压力,相对压力是负值又称为负压通风。由此可以看出,相对压力有正压和负压之分。在不同通风方式下,绝对压力($P$)、相对压力($h$)和大气压力($P_0$)三者的关系见图 2-1。

2. 位压能与位压

(1)位压能与位压的概念。

位压能是指单位体积空气重力势能,用 $E_位$ ($J/m^3$)表示。任一断面上单位体积风流对某基准面的位能,是指该风流受地球引力作用对基准面产生的重力位能,习惯称为位压,用 $P_位$ (Pa)表示。需要说明的是,位压的大小,是相对于某一个参照基准面而言的,是相对于这个基准面所具有的能量或呈现的压力。

---

①　蔡永乐,胡创义.矿井通风与安全.北京:化学工艺出版社,2007.

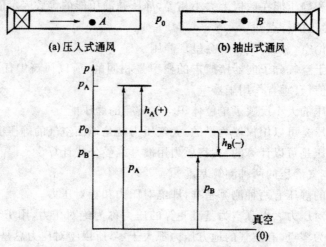

**图 2-1  绝对压力、相对压力和大气压力之间的关系**

(2)位压的计算式。

$$P_{位12}=\frac{MgZ_{12}}{V}=\rho_{12}gZ_{12} \tag{2-6}$$

式中　$Z_{12}$——1、2 断面之间的垂直高差，m；

$\rho_{12}$——1、2 断面之间空气柱的平均密度，kg/m³；

$g$——重力加速度。

矿井通风系统中，由于空气密度与标高的关系比较复杂，往往不是线性关系，空气柱的平均密度 $\rho_{12}$ 很难确定，在实际测定时，应在 1—1 和 2—2 断面之间布置多个测点(如图 2-2 中布置了 $a$、$b$ 两个测点)，分别测出各点和各段的平均密度(垂距较小时可取算术平均值)，再由下式计算 1—1 断面相对于 2—2 断面的位压。

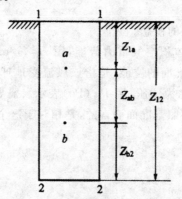

**图 2-2  立井井筒中位压计算图**

$$P_{位12} = \rho_{1a}gZ_{1a} + \rho_{ab}gZ_{ab} + \rho_{b2}gZ_{b2}$$
$$= \Sigma\rho_{ij}gZ_{ij} \tag{2-7}$$

测点布置的越多,测段垂距越小,计算的位压越精确。

(3)位压的特点。

①位压是空气自重产生的,故作用方向始终铅垂向下。

②位压只相对于基准面存在,是该断面相对于基准面的位压差。基准面的选取是任意的,因此位压可为正值,也可为负值。为了便于计算,一般将基准面设在所研究系统风流的最低水平。

③位压不能在该断面上呈现出来。在静止的空气中,上断面相对于下断面的位压,就是下断面比上断面静压的增加值,可通过测定静压差来得知。在流动的空气中,只能通过测定高差和空气柱的平均密度用式(2-7)计算。

④无论空气流动还是静止,上断面相对于下断面的位压总是存在的。

⑤位压和静压可以相互转化。当空气从高处流向低处时,位压转换为静压;反之,当空气由低处流向高处时,部分静压将转化成位压。

3. 动压

(1)动压的概念。

当空气流动时,除了位能和静压能之外,还有空气定向流动的动能,用 $E_{动}(\mathrm{J/m^3})$ 表示;其动能所呈现出的压力称为动压(也叫速压),用 $h_{动}$ 表示,单位为 Pa;这里需要指出,空气宏观定向流动所产生的动能与空气分子热运动产生的动能(静压能)是不同的。

(2)动压的特点。

①只有做定向流动的空气才具有动压,因此动压具有方向性。

②动压无绝对压力与相对压力之分,总是大于零。垂直流动方向的作用面所承受的动压最大(即流动方向上的动压真值);当作用面与流动方向有夹角时,其感受到的动压值将小于动压真值;平行流动方向的平面承受动压为零。

③在同一流动断面上,由于风速分布的不均匀性,各点的风速不相等,所以其动压值不等。

(3)动压的计算。

根据单位空气流动是具有的能量,可导出风流动压的计算公式。设某点空气的相对密度为 $\rho(\mathrm{kg/m^3})$,其定向运动的流速即风速为 $v(\mathrm{m/s})$,则单位体积空气所具有的动能 $E_{动}(\mathrm{J/m^3})$ 为:

$$E_{动} = \frac{1}{2}\rho v^2 \tag{2-8}$$

动能对外呈现的动压 $h_{动}$（Pa）和其值相同：

$$h_{动} = \frac{1}{2}\rho v^2 \tag{2-9}$$

由此可见，动压是单位体积空气在宏观定向运动时所具有的能够对外做功的动能的多少。其大小与该断面的平均风速的平方成正比（因为 $\rho$ 一般变化不大），即风速越高，动压也越大

4. 全压与势压

矿井通风中，为了研究方便，风流中某点（或断面）的全压是静压与动压之和；全压也有两种测算基准。将某点的静压与位压之和称为势压。

5. 点压力与总压力

井巷风流任一点的压力称为风流的点压力。相对于某基准面来说，点压力也有静压、动压和位压；同一断面上每一点的静压、动压和位压都不一样，点压力有位势压和全压；把井巷风流中任一断面所有点的静压、动压、位压平均之和称为该断面的总压力。

# 2.3 压力测定

1. 绝对静压、动压和绝对全压的测量

（1）绝对静压 $P_{静}$ 的测定。

井巷风流中某点的绝对静压的测量，可用水银气压计、空气气压计或精密数字气压计。如用空气气压计，将其安置在测点，待指针稳定后，从刻度盘上直接读数即为该点的绝对静压 $P_{静}$。该点的动压可用风表测其风速，然后代入重力位能计算式中计算或用皮托管与压差计直接测出。由于绝对全压以真空为基准，所以无论抽出式还是压入式通风，绝对全压 $P_{全}$ 等于绝对静压与动压之和，即：

$$P_{全} = P + h_{动} \tag{2-10}$$

（2）动压 $h_{动}$ 的测定。

动压的测定有以下两种方法。

①在通风井巷中，一般用风表测出该断面的平均风速，利用式（2-9）计

算动压。

②在通风管道中,可利用皮托管和压差计直接测出该点的动压。如图 2-3(a)中的 2、5 压差计所示。

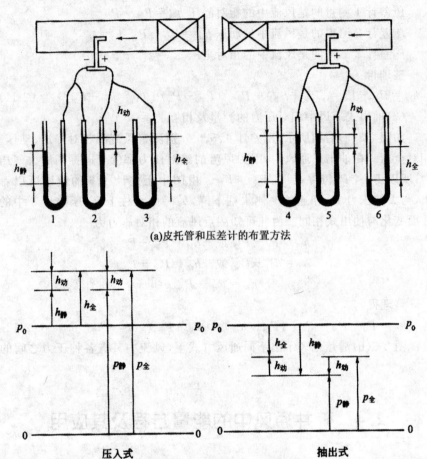

(a)皮托管和压差计的布置方法

(b)风流中某点各种压力之间的关系

**图 2-3　不同通风方式下风流中某点压力测量和压力之间的相互关系**

2. 相对静压、动压和相对全压的测量

风流中某点的相对压力常用皮托管和压差计测定,其布置方法如图 2-3(a)所示。左图为压入式通风,右图为抽出式通风。

(1)压入式通风中相对压力的测量及相互关系。

如图 2-3(a)左图所示,皮托管的"+"接头传递的是风流的绝对全压 $P_全$, "一"接头传递的是风流的绝对静压 $P_静$,风筒外的压力是大气压 $P_0$。在压入式通风中,因为风流的绝对压力都高于同标高的大气压力 $P_0$,所以 $P_{静}>P_0$、$P_{全}>P_0$,$P_{全}>P_{静}$。由图中压差计 1、2、3 的液面可以看出,绝对压力高的一侧液面下降,绝对压力低的一侧液面上升。

压差计 1 测得的是风流中的相对静压 $h_{静}=P_{静}-P_0$

压差计 2 测得的是风流中的动压 $h_{动}=P_{全}-P_{静}$

压差计 3 测得的是风流中的相对全压 $h_{全}=P_{全}-P_0$

整理得

$$h_{全}=P_{全}-P_0=(P_{静}+h_{动})-P_0=(P_{静}-P_0)+h_{动}=h_{静}+h_{动} \qquad (2\text{-}11)$$

(2)抽出式通风中相对压力的测量及相互关系。

如图 2-3(a)右图所示,压差计 4、5、6 分别测定风流的相对静压、动压、相对全压。在抽出式通风中,因为风流的绝对压力都低于同标高的大气压力,所以 $P_{静}<P_0$、$P_{全}<P_0$,$P_{全}>P_{静}$。由图中压差计 4、6 的液面可以看出,与大气压力 $P_0$ 相通的一侧水柱下降,另一侧水柱上升,压差计 5 中的液面变化与抽出式相同。由此可知测点风流的相对压力为

$$h_{静}=P_0-P_{静} \ 或-h_{静}=P_{静}-P_0$$

$$h_{全}=P_0-P_{全} \ 或-h_{全}=P_{全}-P_0$$

$$h_{动}=P_{全}-P_{静}$$

整理得

$$h_{全}=P_0-P_{全}=P_0-(P_{静}+h_{动})=(P_0-P_{静})-h_{动}=h_{静}-h_{动} \qquad (2\text{-}12)$$

图 2-3(b)清楚地表示出不同通风方式下,风流中某点各种压力之间的关系。

# 2.4　矿井通风中的能量方程及其应用

### 1. 矿井风流的连续性方程

矿井风流可以看做是一种连续的介质做不可压缩运动的稳定流,如图 2-4 所示。矿井巷道的特征是细长的,其横断面上各点的参数变化不大,可以看做是一维流动,即矿井风流的各个参数仅限于 $x$ 轴变化[1]。当风流从 $A-A$ 断面流向 $B-B$ 断面时,设 $A-A$ 断面的风速为 $V_1$,断面积为 $S_1$;$B-B$ 断面的风速为 $V_2$,断面积为 $S_2$。当两断面间并无分支巷道和不漏风

---

[1]　人力资源和社会保障部教材办公室. 矿井通风与安全. 北京:中国劳动社会保障社,2009.

时，则风量 $Q$（质量风量为 $G$）有：

$$Q = S_1 V_1 = S_2 V_2 = 常数，\mathrm{m^3/min} \tag{2-13}$$

或

$$G_1 = G_2，\mathrm{kg/min} \tag{2-14}$$

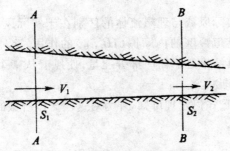

图 2-4　井下风流流动示意图

2. 理想流体的能量方程

所谓理想流体，是指黏性系数为零的流体，即这种流体在流动过程中不受内摩擦力的影响。在粗细不均匀和高低不等的管道中，取一段正在沿箭头 $A$ 做稳定流动的理想流体（质量为 $m$，体积为 $v$），如图 2-5 所示，断面积分别为 $S_1$、$S_2$，流速分别为 $V_1$、$V_2$，压强分别为 $P_1$、$P_2$，总压力分别为 $F_1$、$F_2$，距基准面的高度分别为 $Z_1$、$Z_2$。

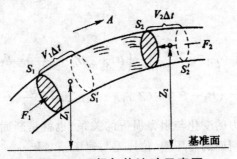

图 2-5　理想气体流动示意图

按能量守恒定律定理、外力对这段流体所做的功等于这段流体机械能的增量（即动能和位能的增量）。于是按能量守恒定律定理可以列出：

$$(P_1 - P_2)v = mg(Z_2 - Z_1) + \frac{1}{2}m(V_2^2 - V_1^2)$$

$$P_1 v + mgZ_1 + \frac{1}{2}mV_1^2 = P_2 v + mgZ_2 + \frac{1}{2}mV_2^2$$

由于断面 $S_1$、$S_2$ 是在同一管道中任意选取的，所以对于任何断面来说，均有：

$$P v + m g Z + \frac{1}{2} m V^2 = 常量 \qquad (2\text{-}15)$$

3. 实际风流的能量方程

矿井通风中实际风流与理想流体的区别在于实际风流具有黏性，在流动过程中要受到巷道帮壁的内摩擦（$H_{阻1\text{-}2}$）的作用，这种摩擦作用力与风流的方向相反。其结果是消耗一部分能量，使风流从一个断面流向另一断面时，总的能量逐渐减少。

同理，根据能量守恒定理可知，外力对这段流体所做的功等于这段流体机械能的增量，即：

$$(P_1 - P_2) v - H_{阻1\text{-}2} = m g (Z_2 - Z_1) + \frac{1}{2} m (V_2^2 - V_1^2) \qquad (2\text{-}16)$$

或 $$H_{阻1\text{-}2} = \left( P_1 v + m g Z_1 + \frac{1}{2} m V_1^2 \right) + \left( P_2 v + m g Z_2 + \frac{1}{2} m V_2^2 \right) \qquad (2\text{-}17)$$

这就是实际流体的能量方程[①]。它表明：在同一巷道的风流流动过程中，各断面风流的能量是逐渐减少的，其减少的量等于这两个断面间巷道帮壁对风流所做阻力的消耗功。

将式（2-16）两端同除以体积 $v$ 得：

$$\left( P_1 + \frac{m}{v} g Z_1 + \frac{m}{2v} V_1^2 \right) - \left( P_2 + \frac{m}{v} g Z_2 + \frac{m}{2v} V_2^2 \right) = H_{阻1\text{-}2} = h_{阻1\text{-}2}$$

将 $\rho = \dfrac{m}{v}$ 代入得：

$$\left( P_1 + \rho g Z_1 + \frac{\rho V_1^2}{2} \right) - \left( P_2 + \rho g Z_2 + \frac{\rho V_2^2}{2} \right) = h_{阻1\text{-}2}$$

或 $$h_{阻1\text{-}2} = (P_1 - P_2) + (Z_1 \rho_1 g - Z_2 \rho_2 g) + \left( \frac{\rho V_1^2}{2} - \frac{\rho_2 V_2^2}{2} \right) \qquad (2\text{-}18)$$

它表示了压力的变化与阻力损失的关系，也就是断面 1 与断面 2 的通风阻力等于此两断面的静压差、位压差与速压差之和。

式（2-18）还表明，风流是由总能量大的断面向总能量小的断面流动。仅根据某一项或某两项能量的大小，不足以判别风流的流动方向。

4. 能量方程在矿井通风中的应用

（1）抽出式通风矿井中通风阻力与主通风机风硐断面相对压力之间的

---

① 人力资源和社会保障部教材办公室．矿井通风与安全．北京：中国劳动社会保障社，2009.

关系。

　　图 2-6 为简化后的抽出式通风矿井示意图。风流自进风井口地面进入井下,沿立井 1—2、井下巷道 2—3、回风立井 3～4 到达主通风机风硐断面 4。在风流流动的整个线路中,所遇到的通风阻力包括进风井口的局部阻力(空气由地面大气突然收缩到井筒断面的阻力)与井筒、井下巷道的通风阻力[1],即

$$h_{阻} = h_{局1} + h_{阻14} \tag{2-19}$$

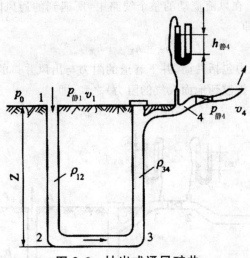

**图 2-6　抽出式通风矿井**

　　由能量方程式知,进风井口的局部阻力 $h_{局1}$ 就是地面大气与进风进口断面 1 之间的总压力差,由于地面大气为静止状态,动压为零,两个断面高差近似为零,它们的位压差为零;应用能量方程(2-18)得

$$h_{局1} = P_0 - (P_{静1} + h_{动1}) \tag{2-20}$$

通风阻力 $h_{阻14}$ 为进风井口断面 1 与主通风机风硐断面 4 的总压力差,应用能量方程式(2-18)得

$$h_{阻14} = (P_{静1} + h_{动1} + Z\rho_{12}g) - (P_{静4} + h_{动4} + Z\rho_{34}g) \tag{2-21}$$

将两式代入式(2-19)并整理得

$$\begin{aligned} h_{阻} &= h_{局1} + h_{阻14} \\ &= P_0 - (P_{静1} + h_{动1}) + (P_{静1} + h_{动1} + Z\rho_{12}g) - (P_{静4} + h_{动4} + Z\rho_{34}g) \\ &= h_{静4} - h_{动4} + (Z\rho_{12}g - Z\rho_{34}g) \end{aligned} \tag{2-22}$$

式中,$h_{静4}$ 为断面 4 的相对静压(通风机房水柱计读数),$h_{动4}$ 为断面 4 的动

---

　　①　蔡永乐,胡创义．矿井通风与安全．北京:化学工艺出版社,2007.

压;$(Z\rho_{12}g-Z\rho_{34}g)$ 为矿井的自然风压。式（2-22）为抽出式通风矿井的通风总阻力测算式，反映了矿井的通风阻力与主通风机风硐断面相对压力之间的关系。

（2）压入式通风矿井中通风阻力与主通风机风硐断面相对压力之间的关系。

图 2-7 为简化后的压入式通风矿井示意图。一般包括吸风段 1～2 和压风段 3～6，实际上属于又抽又压的混合式通风[1]，空气被进风井口附近的主通风机吸入进入井下，自风硐 3，沿进风井 3—4、井下巷道 4—5、回风井 5—6 排出地面。在风流流动的整个线路中，所遇到的通风阻力包括吸风段和压风段之和，即

$$h_{阻}=h_{阻抽}+h_{阻压}$$

其中压风段的阻力包括井筒、井下巷道的阻力与出风井口的局部阻力（空气由井筒断面突然扩散到地面大气的阻力）之和，即

$$h_{阻压}=h_{局6}+h_{阻36} \tag{2-23}$$

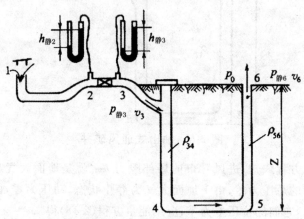

图 2-7　压入式通风矿井

根据能量方程式，$h_{局6}$、$h_{阻36}$ 可分别用下两式表示。

$$h_{局6}=(P_{静6}+h_{动6})-P_0$$

$$h_{阻36}=(P_{静3}+h_{动3}+Z\rho_{34}g)-(P_{静6}+h_{动6}+Z\rho_{56}g)$$

将两式代入式（2-23）并整理得

$$h_{阻压}=(P_{静3}-P_0)+h_{动3}+(Z\rho_{34}g-Z\rho_{56}g)$$
$$=h_{静3}+h_{动3}+(Z\rho_{34}g-Z\rho_{56}g)$$

式中 $h_{静3}$ 为风硐 3 断面的相对静压，$h_{动3}$ 为风硐 3 断面的动压，$(Z\rho_{34}g-Z\rho_{56}g)$ 为矿井的自然风压。

① 蔡永乐，胡创义．矿井通风与安全．北京：化学工艺出版社，2007.

考虑到吸风段的通风阻力(因标高差很小,吸风段的位压差可忽略不计),则

$$h_{阻} = (h_{静2} - h_{动2}) + (h_{静3} + h_{动3} + Z\rho_{12}g - Z\rho_{34}g)$$

$$= h_{全2} + h_{全3} + Z\rho_{12}g - Z\rho_{34}g \tag{2-24}$$

式(2-24)为压入式通风矿井的通风总阻力测算式,也反映了压入式通风矿井通风阻力与主通风机风硐断面相对压力之间的关系。

# 2.5　井巷通风阻力

井巷风流在流动过程中,克服内部相对运动造成的总机械能量的损失称为矿井通风阻力。产生通风阻力的内因是风流流动过程的黏性和惯性,外因是井巷壁面对风流的阻滞作用和扰动作用。通风阻力包括摩擦阻力和局部阻力两大类。

1. 摩擦阻力

井下风流沿井巷或管道流动时,由于空气的黏性,受到井巷壁面的限制,造成空气分子之间相互摩擦(内摩擦)以及空气与井巷或管道周壁间的摩擦,从而产生阻力就是摩擦阻力。

实验得出水流在圆管中的沿程阻力公式(达西公式)如下:

$$h_{摩} = \lambda \frac{L}{d} \cdot \rho \frac{v^2}{2} \tag{2-25}$$

式中　$h_{摩}$——水流的沿程阻力,Pa;

　　　$\lambda$——实验比例系数,无因次;

　　　$L$——圆管的长度,m;

　　　$d$——圆管的直径,m;

　　　$\rho$——水流的密度,kg/m³;

　　　$v$——管内水流的平均速度,m/s。

式(2-25)是矿井风流摩擦阻力计算式的基础,它能应用于不同流态的风流,只是流态不同时,$\lambda$ 的实验式不同。

矿井巷道中的风流,其性质与上面介绍的水流完全一样,所不同的是矿井巷道的粗糙度较大[1],在 $Re < 1 \sim 10$ 的低雷诺数区,表现为线性层流渗流,其运动规律符合达西定律;当 $Re$ 在 $10 \sim 100$ 范围内时,流动为非线性渗

---

① 人力资源和社会保障部教材办公室. 矿井通风与安全. 北京:中国劳动社会保障社,2009.

流;当 $Re > 100$ 时,为紊流流动,流动阻力和流速的平方成正比。在一定时期内,各井巷壁的相对粗糙度可认为不变,因此 $\lambda$ 值即为常量。

由于矿井巷道大多数不为圆形,可用当量直径 $d = 4S/U$ 代入沿程阻力公式(2-25)得:

$$h_{摩} = \frac{\lambda \cdot \rho}{8} \cdot \frac{LU}{S} v^2 = \frac{\lambda \rho}{8} \cdot \frac{LU}{S^3} Q^2$$

令 $\alpha = \frac{\lambda \cdot \rho}{8}$,$\alpha$ 为巷道的摩擦阻力系数,它与巷道帮壁的粗糙程度有关,即:

$$h_{摩} = \frac{\alpha L U v^2}{S} = \frac{\alpha L U}{S} \cdot \frac{Q^2}{S^2} = \frac{\alpha L U}{S^3} Q^2$$

因矿井中巷道的周界、长度、摩擦阻力系数在巷道形成后一般变化较小,可看做常数。于是再令:

$$R_{摩} = \frac{\alpha L U}{S^3}$$

式中 $R_{摩}$——巷道的摩擦风阻,N·s²/m⁸。

这时有:

$$h_{摩} = R_{摩} Q^2$$

这就是完全紊流情况下的摩擦阻力定律。当巷道风阻一定时,摩擦阻力与风量的平方成正比(见图 2-8)。

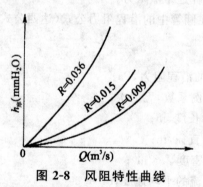

图 2-8　风阻特性曲线

2. 局部阻力

在风流运动过程中,由于井巷边壁条件的变化,风流在局部地区受到局部阻力物(如巷道断面突然变化,风流分叉与交汇,断面堵塞等)的影响和破坏,引起风流流速大小、方向和分布的突然变化,导致风流本身产生很强的冲击,形成极为紊乱的涡流,造成风流能量损失,这种损失称为局部阻力损失或局部阻力。

(1)井下容易产生局部阻力的地点。

①巷道断面的突然扩大或缩小，如风桥处，如图 2-9 所示。

②巷道的拐弯或分岔处，如图 2-10 所示。

③巷道堆积物以及调节风窗、风硐等处。在巷道堆积物处容易使空气产生涡流，如图 2-11 所示。

图 2-9　风桥局部阻力

图 2-10　交叉处局部阻力

图 2-11　阻碍物局部阻力

（2）局部阻力的计算。

实验证明，不论井巷局部地点的断面、形状和拐弯如何变化，也不管局部阻力地点是突变类型还是渐变类型，所产生的局部阻力 $h_{局}$，都和局部地点的前面或后面断面上的速压 $hv_1$ 或 $hv_2$ 成正比。如图 2-12 所示，突然扩大的巷道，该局部地点的局部阻力为：

$$
\begin{aligned}
h_{局} &= \xi_1 hv_1 \\
&= \xi_2 hv_2 \\
&= \xi_1 \frac{\rho v_1}{2} \\
&= \xi_2 \frac{\rho v_2}{2}, \text{Pa}
\end{aligned}
\tag{2-26}
$$

式中　$h_{局}$——某点所产生的局部阻力，Pa；

　　　$v_1$、$v_2$——分别是局部地点前后断面上的平均风速，m/s；

　　　$\rho$——局部地点的空气密度，kg/m$^3$，一般可取 $\rho = 1.2$ kg/m$^3$。

$\xi_1$、$\xi_2$——局部阻力系数,无因次,分别对应于 $hv_1$、$hv_2$;对于形状和尺寸已定型的局部地点,这两个系数都是常数,但它们彼此不相等,可任用其中一个系数和相对应的速压计算局部阻力。

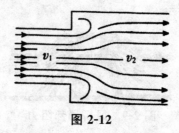

**图 2-12**

若通过某局部地点的风量是 $Q(\mathrm{m^3/s})$,前后两个断面积是 $S_1$ 和 $S_2(\mathrm{m^2})$,则两个断面上的平均风速为:

$$v_1 = Q/S_1,\mathrm{m^3/s};v_2 = Q/S_2,\mathrm{m^3/s}$$

将以上两式代入式(2-26),得:

$$h_{局} = \xi_1 \frac{Q^2 \rho}{2S_1^2} = \xi_2 \frac{Q^2 \rho}{2S_2^2},\mathrm{Pa} \tag{2-27}$$

令:

$$R_{局} = \xi_1 \frac{\rho}{2S_1^2} = \xi_2 \frac{\rho}{2S_2^2} \tag{2-28}$$

式中 $R_{局}$——局部风阻,$\mathrm{N \cdot s^2/m^8}$。当局部地点的规格尺寸和空气密度不变时,$R_{局}$ 是一个常数。

将式(2-28)代入式(2-27)得:

$$h_{局} = R_{局} Q^2,\mathrm{Pa} \tag{2-29}$$

式中 $h_{局}$——某局部地点产生的局部阻力,Pa;

$Q$——通过该局部地点的实际风量,$\mathrm{m^3/s}$。

式(2-29)就是完全紊流时摩擦阻力定律,$h_{局}$ 与 $h_{摩}$ 一样,也可看作局部阻力物的一个特征参数,它反映的是风流通过局部阻力物时通风的难易程度。局部风阻一定时,$h_{局}$ 与 $Q$ 的二次方成正比。

3. 矿井总风阻与矿井等积孔

(1)矿井通风阻力定律。

矿井通风总阻力等于各段总摩擦阻力和所有的局部阻力之和,即

$$h_{阻} = \sum h_{摩} + \sum h_{局} \tag{2-30}$$

当巷道风流为紊流状态时,得:

$$h_{阻} = \sum (R_{摩} + R_{阻})qv^2 \tag{2-31}$$

令 $R = \sum(R_{摩} + R_{阻})$，得到

$$h_{阻} = Rqv^2 \qquad\qquad (2\text{-}32)$$

式中　$R$——井巷风阻，$kg/m^7$ 或 $Ns^2/m^8$。

$R$ 是由井巷中通风阻力物的种类、几何尺寸和壁面粗糙程度等因素决定的，反映井巷的固有特性。当通过井巷的风量一定时，井巷通风阻力与风阻成正比，因此，风阻值大的井巷其通风阻力也大；反之，风阻值小的通风阻力也小。可见，井巷风阻值的大小标志着通风难易程度，风阻大时通风困难，风阻小时通风容易。所以，在矿井通风中把井巷风阻值的大小作为判别矿井通风难易程度的一个重要指标。

(2)矿井总风阻。

一个确定的矿井通风网络，其总风阻值就称为矿井总风阻。

对于单一进风井和单一出风井，其值等于从入风井口到主风机入口（压入式则从主风机出风口到风井），按顺序连接的各段井巷的通风阻力累加起来的值，即

$$R_{矿} = \frac{h_{矿}}{Q^2} \qquad\qquad (2\text{-}33)$$

对于多进风井和多出风井系统，矿井总风阻是根据全矿井总功率等于各台通风机工作系统功率之和来确定的。

(3)矿井等积孔。

为了更形象、更具体、更直观地衡量矿井通风难易程度，矿井通风学上常用一个假想的、并与矿井风阻值相当的孔的面积作为评价矿井通风难易程度，这个假想孔的面积如图 2-13 所示，那么这个孔的面积就是矿井的等积孔 $A$。

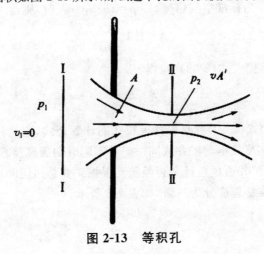

图 2-13　等积孔

假定在无限空间有一薄壁,在薄壁上开一面积为 $A(\mathrm{m}^2)$ 的孔口,如图 2-13 所示。当孔口通过的风量等于矿井总风量 $Q$,而且孔口两侧的风压差等于矿井通风总阻力($P_1-P_2=h$)时,则孔口的面积 $A$ 值就是该矿井的等积孔。用能量方程来寻找矿井等积孔 $A$ 与矿井总风量 $Q$ 和矿井总阻力 $h$ 之间的关系[①]。

在薄壁左侧距孔 $A$ 足够远处(风速 $v_1 \approx 0$)取断面 Ⅰ—Ⅰ,其静压为 $P_1$,在孔口右侧风速收缩断面最小处取断面 Ⅱ—Ⅱ(面积 $A'$),其静压为 $P_2$,风速 $v$ 为最大。薄壁很薄其阻力忽略不计,则 Ⅰ—Ⅰ、Ⅱ—Ⅱ 断面的能量方程式为:

$$P_1-\left(P_2+\frac{\rho v^2}{2}\right)=0 \text{ 或 } P_1-P_2=\frac{\rho v^2}{2} \tag{2-34}$$

因为
$$P_1-P_2=h \tag{2-35}$$

所以
$$h=\frac{\rho v^2}{2} \tag{2-36}$$

由此得
$$v=\sqrt{\frac{2h}{\rho}} \tag{2-37}$$

风流收缩处断面面积 $A'$ 与孔口面积 $A$ 之比称为收缩系数 $\varphi$,由水力学可知,一般 $\varphi=0.65$,故 $A'=0.65A$,则该处的风速 $v=\dfrac{Q}{A'}=\dfrac{Q}{0.65A}$,代入上式,整理得:

$$A=\frac{Q}{0.65\sqrt{\dfrac{2h}{\rho}}} \tag{2-38}$$

若矿井空气密度为标准空气密度,即 $\rho=1.2\mathrm{kg/m^3}$ 时,则得

$$A=1.19\frac{Q}{\sqrt{h}} \tag{2-39}$$

将 $h=RQ^2$ 代入式(2-39)中,得

$$A=\frac{1.19}{\sqrt{R}} \tag{2-40}$$

式(2-39)和式(2-40)就是矿井等积孔的计算公式,它适用于任何井巷。矿井等积孔能够反映不同矿井或同一矿井不同时期通风技术管理水平。同时,也可以评判矿井通风设计是否经济。根据矿井总风阻和矿井等积孔,通常把矿井通风难易程度分为三级,如表 2-2 所示。

---

① 蔡永乐,胡创义. 矿井通风与安全. 北京:化学工艺出版社,2007.

表 2-2　矿井通风难易程度的分级标准

| 通风阻力等级 | 通风难易程度 | 风阻 $R/(\mathrm{N \cdot s^2/m^8})$ | 等积孔 $A/\mathrm{m^2}$ |
|---|---|---|---|
| 大阻力矿 | 困难 | $>1.42$ | $<1$ |
| 中阻力矿 | 中等 | $1.42 \sim 0.35$ | $1 \sim 2$ |
| 小阻力矿 | 容易 | $<0.35$ | $>2$ |

必须指出,表 2-2 所列衡量矿井通风难易程度的等积孔值,是 1873 年缪尔格根据当时的生产情况提出的,一直沿用至今。我国煤矿类型繁多,有必要结合我国的实际情况,重订各类矿井等积孔的合理值,现代化矿井或多风机通风矿井等积孔分类见表 2-3。

表 2-3　矿井等积孔分类

| 年产量/ (Mt/a) | 低瓦斯矿井 | | 高瓦斯矿井 | | 附注 |
|---|---|---|---|---|---|
| | $A$ 的最小值 /$\mathrm{m^2}$ | $R$ 的最大值 /$(\mathrm{N \cdot s^2/m^8})$ | $A$ 的最小值 /$\mathrm{m^2}$ | $R$ 的最大值 /$(\mathrm{N \cdot s^2/m^8})$ | |
| 0.1 | 1.0 | 1.42 | 1.0 | 1.42 | 外部漏风允许 10% 时,$A$ 的最小值减 5%,$R$ 的最大值加 10%;外部漏风允许 15% 时,$A$ 的最小值减 10%,$R$ 的最大值加 20%,即为矿井 $A$ 的最小值,$R$ 的最大值 |
| 0.2 | 1.5 | 0.63 | 2.0 | 0.35 | |
| 0.3 | 1.5 | 0.63 | 2.0 | 0.35 | |
| 0.45 | 2 | 0.35 | 3.0 | 0.16 | |
| 0.6 | 2.0 | 0.35 | 3.0 | 0.16 | |
| 0.9 | 2 | 0.35 | 4.0 | 0.09 | |
| 1.2 | 2.5 | 0.23 | 5.0 | 0.06 | |
| 1.8 | 2.5 | 0.23 | 6.0 | 0.04 | |
| 2.4 | 2.5 | 0.23 | 7.0 | 0.03 | |
| 3.0 | 2.5 | 0.23 | 7.0 | 0.03 | |

当有 $n$ 台主风机分开并联工作时,在预先求得每台主风机克服的通风阻力 $h_{fi}$ 后,等积孔 $A_m$ 可为:

$$A_m = 1.19 \frac{(\sum Q_i)^{1.5}}{(\sum h_{fi} Q_i)^{0.5}} \mathrm{m^2} \tag{2-41}$$

式中　$Q_i$——各风机系统风量,$\mathrm{m^3/s}$;

　　　$h_{fi}$——各风机克服的通风阻力,Pa。

4. 降低通风阻力的措施

(1)降低井巷摩擦阻力措施。

①减小摩擦阻力系数。

②保证有足够大的井巷断面。在其他参数不变时,井巷断面扩大33%,$R_摩$值可减少50%。

③避免巷道内风量过于集中。

④减少巷道长度。

⑤选用周长较小的井巷。在井巷断面相同的条件下,圆形断面的周长最小,拱形断面次之,矩形、梯形断面的周长较大。

(2)降低局部阻力的措施。

由于局部阻力与风速的二次方成正比,亦与通过该处的风量的二次方成正比。因此对于风速高、风量大的井巷,更要注意降低局部阻力,具体措施如下:

①要尽可能避免断面的突然扩大或突然缩小;在不同断面的交汇处要有斜线过渡。

②尽可能避免井巷的突然分岔和突然汇合,在分岔和汇合处的内侧要做成斜面或圆弧形。

③要尽量避免直角拐弯(90°转弯),在拐弯处的内侧和外侧要做成斜面或圆弧形。拐弯的弯曲半径要尽可能加大,还可设置挡风板。

④对于风速大的风筒,要悬挂平直,拐弯的弯曲半径要尽可能加大。

⑤在主要巷道内不得随意停放车辆、堆放木材或器材,必要时应把正对风流的固定物体做成流线型。

# 第3章  矿井通风动力与通风系统

矿井通风动力是克服通风阻力、保证巷道空气连续不断地流动的能量或风压,有自然风压和机械风压两种。风流由进风井口进入矿井后,经过井下各用风场所然后从回风口排出,风流经过的整个路线及其配置的通风设施称为矿井通风系统。

## 3.1  矿井通风动力

### 3.1.1  矿井自然通风

1. 自然风压的产生及其计算

自然风压是借助于矿井的自然因素产生自然风压,使空气在井下流动。其数值以矿井风流系统的最低、最高点为界,两侧空气柱作用在底面单位面积上的重力之差。在重力差的驱动下,较重的一侧的空气向下流动,较轻的一侧的空气向上流动,即可形成空气的自然流动。如图 3-1 为一个简化的矿井通风系统,0—5 为通过系统最高点的水平线,2—3 为水平巷道。如果把地表大气视为断面无限大,风阻为零的假想风路,则通风系统可视为一个闭合的回路。

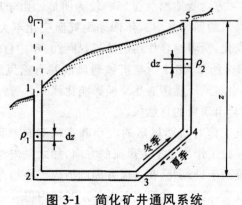

图 3-1  简化矿井通风系统

根据自然风压定义,图 3-1 所示系统的自然风压可用下式计算:

$$h_n = \int_0^2 \rho_1 g \mathrm{d}z - \int_3^5 \rho_2 g \mathrm{d}z \tag{3-1}$$

式中　$g$——重力加速度,$\mathrm{m/s^2}$;

　　　$\rho_1$、$\rho_2$——分别为 0—1—2 和 5—4—3 井巷中空气的相对密度,$\mathrm{kg/m^3}$;

　　　$z$——矿井最高点至最低水平间的距离,m。

在利用上式计算自然风压时比较困难,因为空气相对密度受多种因素影响,与高度 $z$ 成复杂的函数关系。因此,为简化计算,一般采用计算出井巷 0—1—2 和 5—4—3 中空气相对密度的平均值 $\rho_{m1}$、$\rho_{m2}$,则式(3-1)可写为:

$$h_n = zg(\rho_{m1} - \rho_{m2}) \tag{3-2}$$

**2. 自然风压的影响因素**

影响自然风压的决定性因素是两侧空气柱的相对密度差,而影响空气相对密度又由温度 $T$、大气压力 $P$、气体常数 $R$ 和相对湿度 $\varphi$ 等因素影响。由式(3-1)可知,自然风压的影响因素可用下式表示:

$$h_n = f(\rho, z) = f[\rho(T, P, R, \varphi)] \tag{3-3}$$

①空气成分和湿度影响空气的相对密度,因而对自然风压也有一定影响,但影响较小。

②井深。当两侧空气柱温差一定时,自然风压与矿井或回路最高与最低点(水平)间的高差 $z$ 成正比。

③影响 $h_n$ 的主要因素是矿井某一回路中两侧空气柱的温差。影响气温差的主要因素是风流与围岩的热交换和地面入风气温。影响程度随矿井的开拓方式、地形、采深和地理位置的不同而不同。大陆性气候的山区浅井,自然风压大小和方向受地面气温影响较为明显。由于风流与围岩的热交换作用使机械通风的回风井中一年四季中气温变化不大,而地面进风井中气温则随季节变化,两者综合作用的结果,导致一年中自然风压发生周期性的变化。如图 3-2 所示,实线为某机械通风浅井自然风压变化规律。如虚线所示,深井的自然风压受围岩热交换影响比浅井显著,一年四季的变化较小,有的可能不会出现负的自然风。

④主要通风机工作对自然风压的大小和方向对自然风压也有一定影响。矿井主要通风机工作决定了主风流的方向,加之风流与围岩的热交换,使冬季回风井气温高于进风井,在进风井周围形成了冷却带以后,即使风机停转或通风系统改变,这两个井筒之间在一定时期内仍有一定的气温差,从

而仍有一定的自然风压起作用。

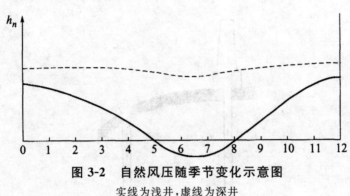

**图 3-2　自然风压随季节变化示意图**

实线为浅井,虚线为深井

3. 自然风压的控制和利用

自然通风作用在矿井中是普遍存在的,它直接影响矿井的通风状况。在有机械通风的矿井中,要利用好自然通风来改善通风状况和降低通风动力;在仅用自然通风的矿井中,自然风压是唯一的通风动力,因此利用和控制自然通风作用是通风管理中一项主要技术工作。

①人工调节进、出风侧的气温差。在条件允许时,可在进风井巷内设置水幕或借井巷淋水冷却空气,这样既可增加空气相对密度,又可净化风流。在出风井底处可用地面余热来提高回风流气温,减小空气相对密度。

②设计和建立合理的通风系统。由于矿区地形、矿井深度和开拓方式不同,地面气温变化等对自然风压影响也不同。在山区或丘陵地带,要充分利用进风口与出风口的标高差,将进风井布置在较低处,出风井布置在较高处。若用平硐开拓,应将平硐作为进风井,并将平硐尽量迎着常年风向布置。出风平硐口必须设置挡风墙。当矿井仅用自然通风,且进、回风井口标高差较小时,可在回风井口修筑风塔。风塔高度一般大于 10m,以增加自然风压,如图 3-3 所示。

③在并联风路中加设调节风窗,用来增加自然风压有可能引起的旁侧风路风流反向的风阻。

④在矿井设计、建设和生产过程中,均可考虑降低总回风道的阻力系数或扩大其部分断面,以降低主要通风机所在风路的风阻来阻止自然风压有可能引起的风流反向。

⑤在自然风压有可能引起风流反向的巷道内,安装局部通风机,使其风压方向与自然风压方向相反,来抵消部分自然风压。

⑥在多井口通风的山区,特别是高瓦斯矿井,要掌握自然风压的变化规

律,防止因自然风压作用而造成某些巷道无风或风流反向,以免事故发生。

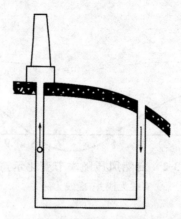

图 3-3 用风塔增加自然风压

⑦在建井时期,可利用自然风压解决局部地区的通风问题。如井筒浅部施工阶段利用自然风压通风;在井下某些地点,利用钻孔构成通风回路,形成自然风压。

⑧在矿井生产时期,根据自然风压变化规律,适时调整主要通风机工况点,使其既能满足通风要求,又能节约通风电能耗。

## 3.1.2 通风机通风

通风机通风是矿井通风的主要形式,为确保井下空气的质量和数量,每一个矿井都必须采用通风机通风。

1. 通风机的分类

(1)按其服务范围分类。

①主要通风机。

主要通风机为全矿井、矿井的一翼或某一区域服务。主要通风机昼夜运转,与矿井安全生产和井下工作人员的生命安全、身体健康息息相关。主要通风机是矿井的重要耗电设备,所以对主要通风机的选用,必须从技术、安全、经济等方面综合考虑。

②辅助通风机。

辅助通风机为矿井的某一分支服务,用来帮助主要通风机通风,以保证该分支的风量。

③局部通风机。

　　局部通风机是为矿井某一局部地点通风需要而使用的通风机,多用于
井巷掘进通风。

　　(2)按其结构和工作原理分类。

　　①离心式通风机。

　　离心式通风机结构如图 3-4 所示。

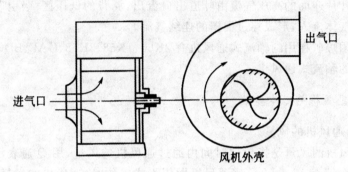

进气口

出气口

风机外壳

**图 3-4　离心式通风机结构**

　　其主要部件有机壳、叶轮、机轴、吸气口、排气口、轴承、底座等部件。

　　叶轮是对空气做功的部件,当电动机转动时叶轮随着转动。叶轮在旋
转时产生离心力将空气从叶轮中甩出,空气从叶轮中甩出后汇集在机壳中,
由于速度慢、压力高,空气便从通风机出口排出流入管道。当叶轮中的空气
被排出后,就形成了负压,吸气口外面的空气在大气压作用下又被压入叶轮
中。叶轮不断旋转,空气也就在通风机的作用下,在管道中不断流动,从而
达到通风的目的。

　　我国矿井目前使用的离心式通风机主要为 G4-73 型、K4-73 型和 G4-
74 型等。

　　②轴流式通风机。

　　轴流式通风机结构如图 3-5 所示。主要由进风口、叶轮、整流器、风筒、
扩散(芯筒)器和传动部件等部分组成。

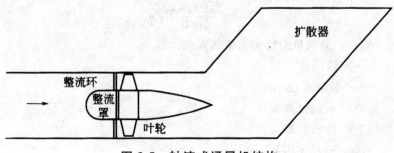

扩散器

整流环

整流罩

叶轮

**图 3-5　轴流式通风机结构**

在轴流式通风机中,风流流动的特点是,当叶(动)轮转动时,气流沿等半径的圆柱面旋绕流出。用与机轴同心、半径为 $R$ 的圆柱面切割叶(动)轮叶片,并将此切割面展开成平面,就得到了由翼剖面排列而成的翼栅。当叶(动)轮旋转时,翼栅即以圆周速度 $v$ 移动。处于叶片迎面的气流受挤压,静压增加;叶片背的气体静压降低,翼栅受压差作用,因受轴承限制,不能向前运动。叶片迎面的高压气流由叶道出口流出,翼背的低压区"吸引"叶道入口侧的气体流入,形成穿过翼栅的连续气流。

我国煤矿在用的轴流式通风机有 2K60、1K58、2K58、GAF、BD 和 BDK 等系列的轴流式通风机。

2. 通风机的基本参数

(1)通风机的风量。

通风机的风量是指单位时间内通过通风机的风量,用 $Q$ 通表示,单位为 $m^3/h$、$m^3/min$、$m^3/s$。当通风机做压入式工作时,通风机的风量等于进风道的总进风量与井口漏出风量之和;当通风机做抽出式通风时,通风机的风量等于回风道的总排风量与井口漏入风量之和。通风机的风量要用风表或皮托管在风硐或通风机圆锥形扩散器处实测获得。

(2)通风机的风压。

通风机的风压有全压、静压和动压之分。通风机的全压包括静压和动压两个部分,表示单位体积的空气通过通风机所获得的能量,单位为 Pa 或 $N\cdot m/m^3$。通风机的全压为通风机出口断面与入口断面上的总能量之差。又因出口断面与入口断面高差较小,其位压差可以忽略不计,所以通风机的全压为通风机出口断面与入口断面上的绝对全压之差。

(3)通风机的功率。

通风机的功率有输入功率和输出功率。

通风机的输入功率表示通风机轴从电动机获得的功率,用 $N_r$ 表示,单位为 kW。通风机的输入功率可用式(3-4)计算:

$$N_r = \frac{\sqrt{3}\,UI\cos\varphi}{1000}\eta_c\eta_d \tag{3-4}$$

式中　$N_r$——通风机的输入功率,kW;

　　　$U$——线电压,V;

　　　$I$——线电流,A;

　　　$\eta_d$——电动机效率,%;

　　　$\eta_c$——传动效率,%;

　　　$\cos\varphi$——功率因数。

通风机的输出功率,是指单位时间内通风机对通风的风量为 $Q$ 的空气所做的功,用 $N_c$ 表示,单位为 kW,即:

$$N_c = \frac{hQ}{102} \tag{3-5}$$

式中　$N_c$——通风机的输出功率,kW;

　　　$Q$——通风机的风量,$m^3/s$;

　　　$h$——通风机的风压,Pa。

(4)通风机的效率。

通风机输出功率与输入功率之比称为通风机的效率。通风机的效率分全压效率与静压效率,即:

$$\eta_t = \frac{N_{ct}}{N_r} = \frac{h_{通全} Q}{1000N} \tag{3-6}$$

$$\eta_s = \frac{N_{cs}}{N_r} = \frac{h_{通静} Q}{1000N} \tag{3-7}$$

式中　$\eta_t, \eta_s$——通风机的全压效率和静压效率,%;

　　　$h_{通全}, h_{通静}$——通风机的全压和静压,Pa;

　　　$N_{ct}, N_{cs}$——通风机的全压输出功率和静压输出功率,kW。

## 3.1.3　通风机实际特性曲线

通风机的工作特性可用风量、风压、功率和效率这四个基本参数来反映。每一台通风机在额定转速的条件下,对应于一定的风量,就有一定的风压、功率和效率,风量如果变动,其他三者也随之改变。表示通风机的风压、功率和效率随风量变化而变化的关系曲线,称为通风机的个体特性曲线。这些个体特性曲线需要通过实测来绘制。

### 1. 风压特性曲线

图 3-6 为离心式通风机的静压特性曲线。图 3-7 为轴流式通风机的全压、静压特性曲线以及全压效率与静压效率曲线。当采用压入式通风时,则绘制全压特性曲线;在煤矿中因主通风机多采用抽出式通风,因此要绘制静压特性曲线。

从图 3-6 与图 3-7 可看出,离心式通风机的风压特性曲线比较平缓,当风量变化时,风压变化不太大;轴流式通风机的风压特性曲线较陡,并有一个"马鞍形"的"驼峰"区,当风量变化时,风压变化较大。

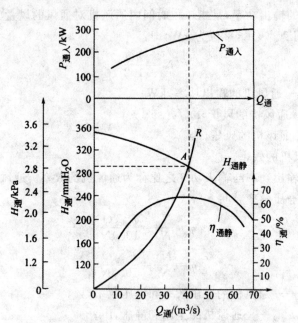

**图 3-6　离心式通风机个体特性曲线**

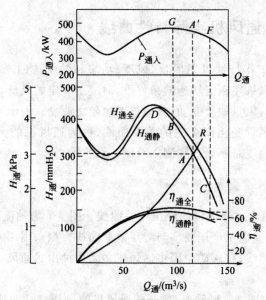

**图 3-7　轴流式通风机个体特性曲线**

2. 功率曲线

功率特性曲线是指通风机的输入功率与通风机的风量的关系曲线。从

图 3-6 和图 3-7 可看出：离心式通风机当风量增加时，功率也随之增大，所以启动通风机时，为了避免因启动负荷过大而烧毁电动机，应先关闭闸门，然后待通风机达到正常工作转速后再逐渐打开。轴流式通风机在稳定工作区域内，其输入功率随着风量的增加而减小，所以启动时应先全敞开或半敞开闸门，待运转稳定后再逐渐关闭闸门至其合适位置。

3. 效率曲线

效率曲线是指通风机的效率与通风机风量的关系曲线。由图 3-6、图 3-7 可看出：当风量逐渐增加时，效率也逐渐增大，增到最大值后便逐渐下降。一般通风机的最高效率均在风压较高的稳定工作区内。

轴流式通风机的效率一般用等效率曲线来表示，如图 3-8 所示。

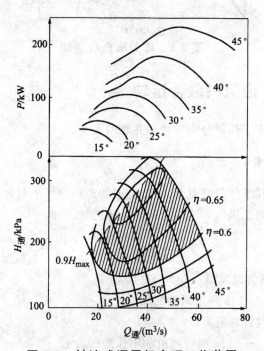

**图 3-8　轴流式通风机合理工作范围**

等效率曲线是把各条风压曲线上的效率相同的点连接起来绘制成的。绘制方法如图 3-9 所示，轴流式通风机两个不同的叶片安装角 $\theta_1$ 与 $\theta_2$ 的风压特性曲线分别为 1 与 2，效率曲线分别为 3 与 4。各个效率值画水平虚线，分别和 3 与 4 曲线相交，可得效率相等的交点，过交点作垂直虚线分别与相应的个体风压曲线 1 与 2 相交，又在曲线 1 与 2 上得出效率相等的交点，然后把相等效率的交点连结起来得到等效率曲线。如效率值为 0.2、

0.4、0.6、0.8 的等效率曲线。

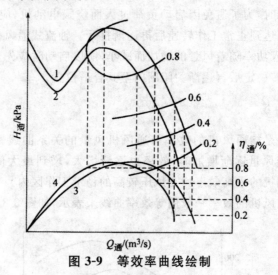

图 3-9  等效率曲线绘制

## 3.1.4  通风机联合运转

通风机联合工作可分为串联和并联两大类。

### 1. 通风机串联工作

通风机串联工作的特点是:通过管道的总风量等于每台风机的风量,两台风机串联后的总风压等于两台风机风压之和。即:

$$Q = Q_1 = Q_2$$
$$h = H_{s1} + H_{s2}$$

式中  $Q$——网管总风量;

$Q_1$、$Q_2$——1、2 两台风机的风量,$m^3/s$;

$H$——网管总阻力,Pa;

$H_{s1}$、$H_{s1}$——1、2 两台风机的工作静压,Pa。

(1)风机特性曲线不同风机串联工作分析。

如图 3-10 所示,两台不同型号风机 F1 和 F2 的特性曲线分别为Ⅰ、Ⅱ。按风量相等风压相加原理可求得两台风机串联的等效合成曲线Ⅰ+Ⅱ。在风阻为 $R$ 的管网上风机串联工作时,各风机的实际工况点按下述方法求得:在等效风机特性曲线Ⅰ+Ⅱ上作管网风阻特性曲线 $R$,两者交点为 $M_0$,过 $M_0$ 作横坐标垂线,分别与曲线Ⅰ和Ⅱ相交于 $M_{\rm I}$ 和 $M_{\rm II}$,此两点即是两风机的实际工况点。

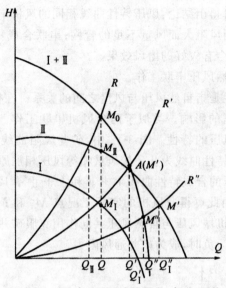

**图 3-10　两台不同型号风机串连工作**

由图 3-10 可得，当工况点位于合成特性曲线与能力较大风机 F2 性能曲线 II 交点 A 的左上方时，则表示串联有效；当工况点 $M'$ 与 A 点重合时，则串联无增风；当工况点 $M''$ 位于 A 点右下方时，则串联不但不能增风，反而小风机成为大风机的阻力。这种情况下串联显然是不合理的。

（2）风压特性曲线相同的风机串联工作。

图 3-11 所示的两台特性曲线相同的风机串联工作。临界点 A 位于 Q 轴上。所以在整个合成曲线范围内串联工作都是有效的，不过工作风阻不同增风效果不同而已。

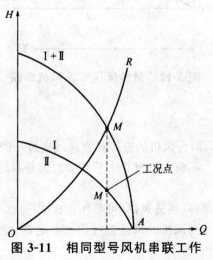

**图 3-11　相同型号风机串联工作**

由以上分析可得出结论:风压特性曲线相同的风机串联工作较好;风机串联工作适用于因风阻大而风量不足的管网;串联合成特性曲线与工作风阻曲线相匹配,才会有较好的增风效果。

(3)风机与自然风压串联工作。

自然风压特性是指自然风压与风量之间的关系。在机械通风矿井中自然风压对机械风压的影响。类似于两台风机串联工作。可用平行于 $Q$ 轴的直线表示自然风压的特性。图 3-12 中,矿井风阻曲线为 $R$,风机特性曲线为 Ⅰ,自然风压特性曲线为 Ⅱ。按风量相等风压相加原则,可得到正负自然风压与风机风压的合成特性曲线 Ⅰ+Ⅱ 和 Ⅰ+Ⅱ′。风阻 $R$ 与其交点分别为 $M_Ⅰ$ 和 $M_Ⅰ'$,由此可得通风机的实际工况点 $M_Ⅰ$ 和 $M_Ⅰ'$。由此可见,当自然风压为正时,机械风压与自然风压共同作用克服矿井通风阻力,使风量增加;当自然风压为负时,成为矿井通风阻力。

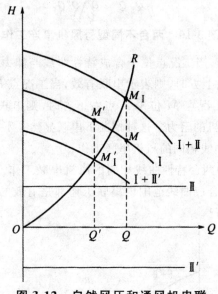

图 3-12　自然风压和通风机串联

2. 通风机并联工作

如图 3-13 所示,两台风机的进风口直接或通过一段巷道连接在一起工作称为通风机并联。风机并联有集中并联和对角并联之分。

(1)集中并联。

两台风机的出风口(或进风口)可看作连在同一点。两风机的装置静压相等,等于管网阻力;两风机的风量流过同一条巷道,故通过巷道的风量等于两台风机风量之和,即

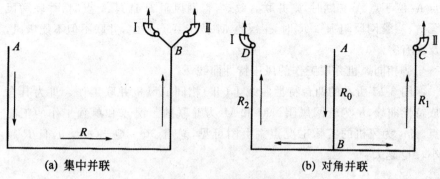

(a) 集中并联                    (b) 对角并联

图 3-13　通风并联工作

$$Q = Q_1 + Q_2$$
$$h = H_{s1} = H_{s2}$$

式中符号意义同前。

(2)不同风机并联工作的风压特性曲线。

①风机并联工作的特点和工况分析。

如图 3-14 所示,两台不同型号风机的特性曲线分别为Ⅰ、Ⅱ。可按风压相等风量相加原理求得两台风机并联后的等效合成曲线Ⅲ,$m_1$ 和 $m_2$ 是两风机的实际工况点。

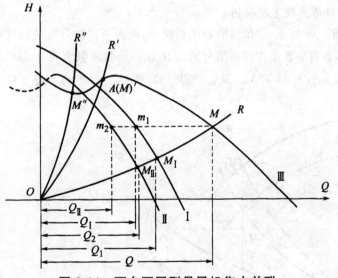

图 3-14　两台不同型号风机集中并联

并联工作的效果,也可用并联等效风机产生的风量 $Q$ 与能力较大风机单独工作产生风量 $Q_1$ 之差来分析。如图 3-14,当 $\Delta Q = Q - Q_1 > 0$,即工况

点 $M$ 位于点 $A$ 右侧时,则并联有效;当管网风阻 $R'$ 通过 $A$ 点时,并联增风无效;当管网风阻 $R''>R'$ 时,工况点 $M''$ 位于 $A$ 点左侧,并联不但不能增风,反而有害。

②相同风机并联工作的风压特性曲线。

图 3-15 所示的两台特性曲线 Ⅰ(Ⅱ)相同的风机并联工作。Ⅲ 为其合成特性曲线,$R$ 为管网风阻。$M$ 和 $M'$ 为并联的工况点和单独工作的工况点。$m_1$ 为风机的实际工况点。由图可见,总有 $3Q=Q-Q_I>0$,且 $R$ 越小,$\triangle Q$ 越大。

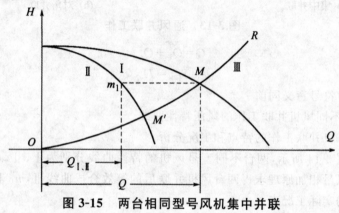

图 3-15  两台相同型号风机集中并联

(3)对角并联工况分析。

如图 3-16 所示,对角并联通风系统中,两台不同型号风机的特性曲线分别为Ⅰ、Ⅱ,各自单独工作的风阻分别为 $R_1$、$R_2$,公共风阻为 $R_0$。两台风机的实际工况点分别为 $M_I$ 和 $M_{II}$,风量分别为 $Q_1$ 和 $Q_2$。显然 $Q_0=Q_1+Q_2$。

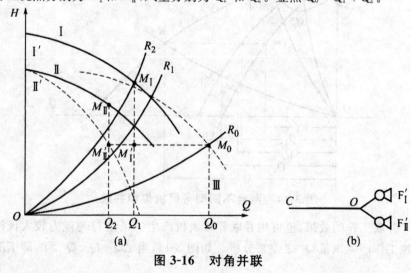

图 3-16  对角并联

每台风机的实际工况点既取决于各自风路的风阻,又取决于公共风路的风阻。两台风机的工况点是相互影响的。当公共段风阻一定时,某一分支的风阻增大,则该系统的工况点上移,另一系统风机的工况点下移;当各分支风路的风阻一定时,公共段风阻增大,两台风机的工况点上移。

综上所述,可得如下结论:

①并联适用于管网风阻较小,但因风机能力小导致风量不足的情况。

②轴流式通风机并联作业时,若风阻过大则可能出现不稳定运行。所以,使用轴流式通风机并联工作时,除要考虑并联效果外,还要进行稳定性分析。

③风压相同的风机并联运行较好。

## 3.1.5　主要通风机的使用及安全要求

为了保证通风机安全可靠的运转,《煤矿安全规程》中规定如下:

①主要通风机必须安装在地面;装有通风机的井口必须封闭严密,其外部漏风率在无提升设备时不得超过 5%,有提升设备时不得超过 15%。

②必须保证主要通风机连续运转。

③严禁采用局部通风机或局部通风机群作为主要通风机使用。

④装有主要通风机的出风井口应安装防爆门,防爆门每 6 个月检查维修 1 次。

⑤必须安装 2 套同等能力的主要通风机装置,其中一套作备用,备用通风机必须能在 10min 内开动。在建井期间可安装 1 套通风机和 1 部备用电动机。生产矿井现有的 2 套不同能力的主要通风机,在满足生产要求时,可继续使用。

⑥新安装的主要通风机投入使用前,必须进行 1 次通风机性能测定和试运转工作,以后每 5 年至少进行 1 次性能测定。主要通风机至少每月检查 1 次。改变通风机转数或叶片角度时,必须经矿技术负责人批准。

⑦主要通风机因检修、停电或其他原因停机运转时,必须制定停风措施。

# 3.2　矿井通风方式

## 3.2.1　矿井通风方式的类型

1. 中央式

进风井、回风井大致位于井田走向的中央。根据进、回风井的相对位置,又分为中央并列式和中央边界式(中央分列式)。

(1)中央并列式。

进风井和回风井大致并列在井田走向的中央,布置在统一工业广场内。图 3-17 是斜井中央并列式,图 3-18 是立井中央并列式。

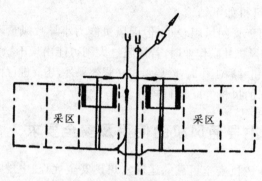

图 3-17　斜井中央并列式通风

图 3-18　立井中央并列式通风

(2)中央边界式。

中央边界式又称中央分列式。进风井大致位于井田走向的中央,出风井大致位于井田浅部边界沿走向中央,在倾斜方向上两井相隔一段距离;出风井的井底高于进风井的井底;主要通风机设在出风井口,如图 3-19 所示。

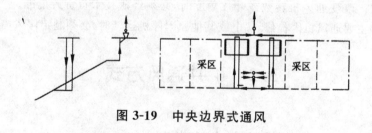

图 3-19　中央边界式通风

2. 对角式

进风井位于井田中央,出风井分别位于井田上部边界沿走向的两翼上。根据出风井沿走向位置的不同可分为两翼对角式和分区对角式。

（1）分区对角式。

进风井位于井田走向的中央，每一个采区开掘一个回风井。图 3-20 为立井分区对角式，图 3-21 为斜井分区对角式。

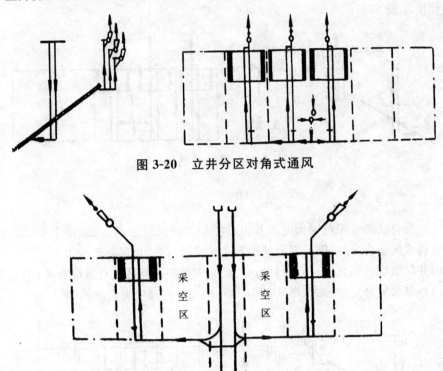

图 3-20　立井分区对角式通风

图 3-21　斜井分区对角式通风

（2）两翼对角式。

进风井位于井田走向的中央，出风井位于井田边界的两翼，如图 3-22 所示。如果只有一个回风井，且进、回风井分别位于井田的两翼称为单翼对角式。

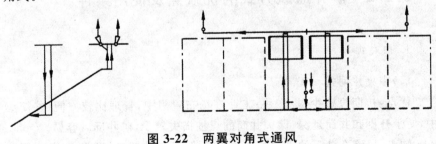

图 3-22　两翼对角式通风

3. 区域式

在井田的每一个生产区域开凿进、回风井,分别构成独立的通风系统,如图 3-23 所示。

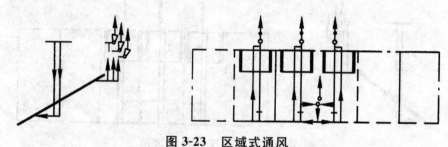

图 3-23　区域式通风

4. 混合式

混合式是井田范围大或老井进行深部开采时使用的方式,是中央式和对角式的混合布置,因此混合式通风系统的进风井、出风井至少由三个以上的井筒组成。混合式可有几种组合方式:中央并列与两翼对角混合式,中央边界与两翼对角混合式(图 3-24 所示),中央并列与中央边界式等。

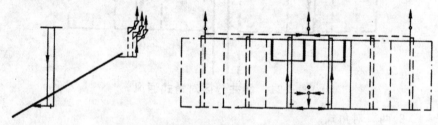

图 3-24　中央边界与两翼对角混合式通风

## 3.2.2　矿井通风方式的优缺点及使用条件

1. 中央式

(1)中央并列式。

优点:初期投资少,投产快;工业广场布置集中,管理比较方便;井筒集中,便于开掘和井筒延深;保护井筒的煤柱损失较少,矿井反风容易。

缺点:风流在井下的流动路线为折返式,风流线路长,风阻大;井底附近漏风大;工业广场受主要通风机噪声影响和回风风流的污染严重。

适用条件:一般适用于井田走向长度小于 4km,煤层倾角大,埋藏深,低瓦斯、不易自然发火的矿井。在大型矿井或高瓦斯矿井投产初期也可暂时采用。

(2)中央分列式。

优点:安全性好;风流所通过的巷道长度和通风阻力的变化较中央并列式小,进、回风井相距较远,内部漏风小,有利于瓦斯和自然发火的管理;工业广场不受主要通风机噪声的影响和回风流的污染。

缺点:风流在井下的流动路线为折返式,风流线路长,风阻大。

适用条件:一般适用于井田走向长度小于 4km,瓦斯与自然发火都比较严重的矿井。

2. 对角式

(1)分区对角式。

优点:可以不掘或少掘阶段回风大巷,在开采上山阶段时通风路线经过的巷道总长度最短,通风阻力最小,各采区之间独立通风,便于风量调节;建井工期短;初期投资少,出煤快;安全出口多,抗灾能力强。

缺点:占用设备多,占地压煤多;管理分散;风井与主要通风机服务范围小,接替频繁;矿井反风困难。

适用条件:煤层埋藏浅,或因煤层风化带和地表高低起伏较大、无法开凿浅部的总回风巷或分区服务年限较长的矿井。

(2)两翼对角式。

优点:风流在井下基本是直向式流动,因此风流路线短,风阻小。通风机工作状态比较稳定,矿井漏风较小。各采区间的风阻比较均衡,便于按需分风;安全出口多,抗灾能力强;工业广场不受回风污染和主要通风机噪声的危害。

缺点:井筒保护煤柱多,初期投资大,建井期长,投产晚。

适用条件:一般用于走向大,对通风要求严格的高瓦斯、易自燃或煤与瓦斯突出的矿井。

3. 区域式

优点:既可以改善矿井的通风条件,又能利用风井准备采区,缩短建井工期;风流路线短,通风阻力小;漏风少,网络简单,风流易于控制,便于主要通风机的选择。

缺点:通风设备多,管理分散,管理难度大。

适用条件:井田面积大、储量丰富或瓦斯含量大的大型矿井。

4. 混合式

优点：回风井数目多，通风能力大；布置灵活，适应性强；有利于矿井的分区分期建设，投资省，出煤快，效率高。

缺点：多台风机联合工作，通风网络复杂，管理难度大。

适用条件：井田走向长度长，老矿井的改扩建和深部开采；多煤层多井筒的矿井；井田面积大、产量大、需要风量大或采用分区开拓的大型矿井。

### 3.2.3　各种通风方式的比较与选择

矿井通风系统应根据矿井设计生产能力、煤层赋存条件、表土层厚度、井田面积、地温、矿井瓦斯涌出量、煤层自燃倾向性等条件，在确保矿井安全，兼顾中、后期生产需要的前提下，通过对多个可行的矿井通风系统方案进行技术经济比较后确定。

矿井通风方法一般采用抽出式，压入式使用较少。当地形复杂、老窑多、露头发育、采用多风井通风有利时，可采用压入式通风。

## 3.3　矿井通风设施

矿井通风设施常用的有风门、密闭、风桥、测风站及其他类型。

1. 风门

风门是用在需要通车和行人的巷道以隔断风流或调节风量的设施。按用途和开启方式不同，可把风门分为普通风门、调节风门、自动风门和反向风门。普通风门用来隔断巷道风流，利用人力开启，依靠自重和风压差来实现自行关闭。调节风门与普通风门结构类似，只是在风门上方设置一个调节风窗，来限制巷道中通过的风量。自动风门是依靠外界力量自动开启和关闭的风门。在矿井的主要进风巷道风门设置处，要同时设置反向风门，正常时风门开启，反向时风门关闭。

（1）自动风门。

如图 3-25 和图 3-26 所示为平顶山矿务局七矿撞杆式自动风门示意图（单扇、双扇），当矿车正向通过风门时，矿车撞击撞车器，撞车器旋转、拉动拉杆，风门打开，矿车通过后，风扇借助风压和弹簧的作用自行关闭。

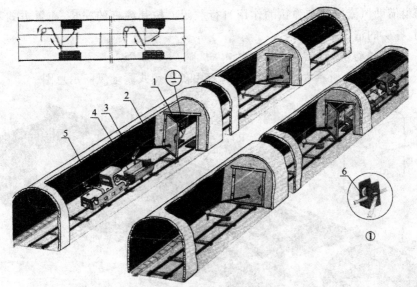

**图 3-25　撞杆式自动风门示意图(单扇)**

1—撞杆;2—拉杆;3—撞车器回转轴;4—矿车;5—架空线;6—滑轮架;①—滑轮机构

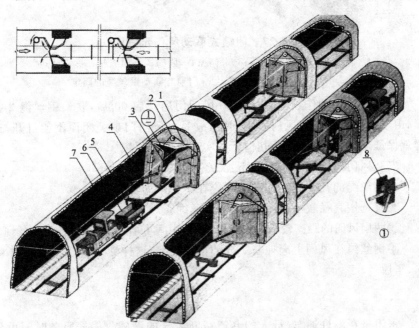

**图 3-26　撞杆式自动风门示意图(双扇)**

1—传动钢丝绳;2—滑轮;3—撞杆;4—拉杆;5—撞车器回转轴;6—矿车;
7—架空线;8—滑轮线;①—滑轮机构

当矿车反向通过风门时,矿车撞击撞杆,撞杆将门扇顶开,矿车通过后门扇借助风流压力和弹簧的作用自行关闭。按其撞杆的安装、布置方式不同,各矿的情况各有不同。

(2)联动风门。

如图 3-27 所示为永荣矿务局曾家山矿闭锁式联动风门示意图。

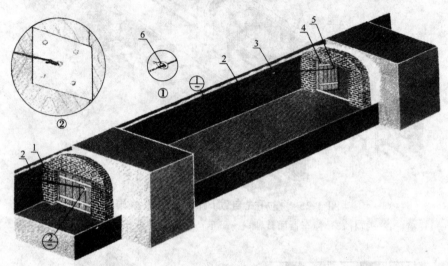

**图 3-27 闭锁式联动风门示意图**

1—铁管;2—联动钢丝绳;3—滑轮;4—风门;5—固绳扣;6—铁环;
①—联动钢丝绳的吊扣;②—门扇与联动钢丝绳的固定

联动风门的动作过程为:当某一风门门扇开启 90°后,联动钢丝绳 2 拉紧,由于钢丝绳长度及风门间距固定,故另一风门门扇关闭而不能打开,这样就保证了两扇风门不能同时打开,实现了联动闭锁。

安装风门时的注意事项如下:

①钢丝绳的几个固定和移动点应在一个平面上。

②宜选用直径较小、伸缩性小的钢丝绳。

③两扇风门的距离较长或在弯道上时,中间可增加滑轮,以托住钢丝绳。

④钢丝绳在风门上离地基 2/3 的位置固定,这样受力较好,太低会影响人、车通行。

2. 密闭

密闭是在不许通车、行人的巷道截断风流的设施。根据服务时间可分为临时密闭和永久密闭;根据用处可分为通风密闭、防火密闭、防水密闭、防爆密闭等。

(1)临时密闭。

如图 3-28 所示为临时密闭立体示意图。临时密闭用于临时停工或需要封闭但时间较短的巷道,多用木板或黄泥木段砌筑。

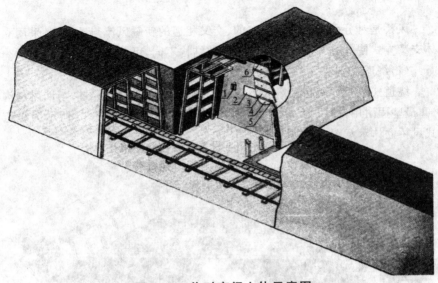

**图 3-28　临时密闭立体示意图**

1—检查箱;2—说明牌;3—铁钉;4—木板;5—灰泥;6—木柱

(2)永久密闭。

永久密闭主要用于封闭采空区,通常用砖或料石砌筑。如图 3-29 所示为永久密闭立体示意图。

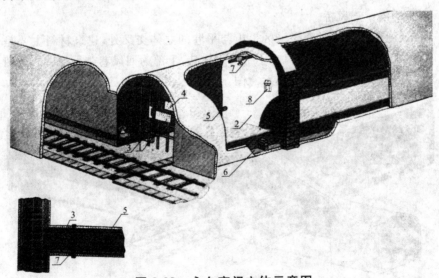

**图 3-29　永久密闭立体示意图**

1—说明牌;2—砂浆抹面;3—栅栏;4—警戒牌;5—注浆管;6—反水沟;

7—取样管;8—检查箱

3. 风桥

风桥是对分别从两巷道流经的、交叉相遇的新鲜风流与乏风流,采用立体交叉方式使其分开通过的构筑物。按结构不同,可分为以下 3 种:

(1)绕道式风桥。

绕道式风桥开凿在进风巷顶板岩层中,从进风巷上方穿过,与回风巷沟通,最坚固耐用,漏风少,巷道维护容易,服务时间长。图 3-30 所示为绕道式风桥立体示意图。

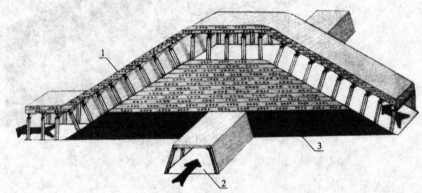

**图 3-30　绕道式风桥立体示意图**

1—风桥;2—进风巷;3—煤层

(2)混凝土风桥。

混凝土风桥通常建于采区上山与平巷的立体交叉处,建筑材料主要是砖石、工字钢和混凝土。风桥下部为运输巷,上部为回风巷兼人行道。如图 3-31 所示为混凝土风桥立体示意图。

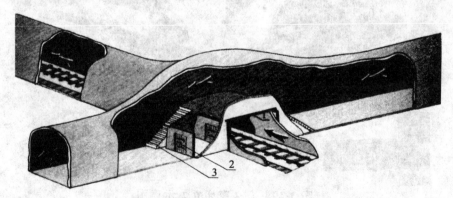

**图 3-31　混凝土风桥立体示意图**

1—工字钢架;2—风门;3—台阶

（3）铁筒风桥。

铁筒风桥示意图如图 3-32 所示，该风桥常用在通风量不大的次要风路中，多为独立供风较为困难的硐室供风。具有架设快捷、铺设容易、投资少、维护容易的特点。

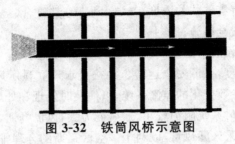

图 3-32　铁筒风桥示意图

4. 测风站

测风站是固定的测风地点。矿井、一翼、水平的进、出风巷，采区进、出风巷等要建立测风站。测风站建筑材料为水泥砂浆或其他阻燃材料，墙面平整无凹凸，整体用白色颜料粉刷，用红色箭头标注风流方向，悬挂测风记录牌板。

5. 其他

当风流方向改变后，主要通风机的供给风量不应小于正常风量的40%。每季度应至少检查反风设施一次，每年应进行一次反风演习；生产矿井主要通风机必须装有反风设施，并能在 10min 内改变巷道中的风流方向；矿井通风系统有较大变化时，应进行一次反风演习。

# 3.4　采区通风系统

## 3.4.1　采区通风系统的基本要求

采取通风系统保证采区有足够的供风量，并按需分配到各个采煤和掘进工作面。采区通风系统应满足下列要求：

（1）采区必须要有单独的回风巷道，实行分区通风。

（2）采区通风系统要力求简单，以便在发生事故时易于控制风流和撤退人员。尽量避免采用角联或复杂网络通风，无法避免时，要有保证风流稳定的措施。

（3）采煤工作面和掘进工作面都要采用独立通风。除突出矿井外，其他矿井的回采工作面之间，掘进工作面之间，以及回采与掘进工作面之间，独立通风有困难时可以采用串联通风，但必须保证串联风流中的氧气、瓦斯、二氧化碳和其他有害气体的浓度、气温、风速等都符合《规程》的要求，并必须有经过审批的安全措施。

（4）对于必须设置的通风设施和通风设备，要选择适当位置，严守规格质量，严格管理制度，保证安全运转。并按要求建立显示风门开关、局部通风机转停和风流参数变化的监测系统，以便及时发现和处理问题。

（5）要保证通风系统阻力较小，通风能力大，风流畅通，按需分风。

（6）尽量减少采区漏风量，以利于采空区瓦斯的合理排放及防止采空区浮煤自燃。

（7）设置防尘管路、防爆设施以及发生火灾时的风流控制设施，必要时还要建立瓦斯抽放、防火灌浆和降温设施。

## 3.4.2　采区进、回风上山的布置

大多数薄煤层煤矿，采用走向长壁采煤法。即采区一般只设两条上山，一条进风，另一条回风。新鲜风流由大巷经进风上山到进风平巷进入采煤工作面，回风经回风巷至回风上山到回风石门。具体布置介绍如下。

1. 运输机上山进风，轨道上山回风

如图 3-33 所示，运输机上山进风流方向与运煤方向相反，引起飞扬的煤尘和运煤过程中所释放的瓦斯，可使进风流的瓦斯和煤尘浓度增大，影响工作面的安全卫生条件。另外必须在轨道上山的中部、下部与下部设置风门或风墙。此处运输频繁，为防止风流短路，必须要加强管理。

在一般条件下，采区通风系统中多数采用轨道上山进风，运输机上山回风。

2. 轨道上山进风，运输机上山回风

从图 3-34 中可看出，新鲜风流由大巷流经采区进风石门、下部车场到轨道上山，不受运煤中释放的瓦斯、煤尘等影响；变电所设在两上山之间，其回风口设调节风窗，利用两上山间风压差通风。轨道上山的上部及中部车场在与回风巷连接处，都要设置风门与回风隔离，这样车场巷道就要有适当的长度，以保证两道风门间距有一定的长度来解决通风与运输的矛盾。

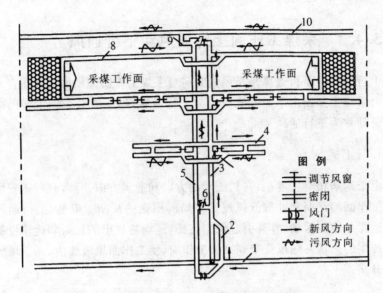

**图 3-33　运输机上山进风的采区通风系统**

1—进风大巷;2—进风联络巷;3—运输机上山;4—运输机半巷;5—轨道上山;
6—采区变电所;7—采区绞车房;8—工作面回风巷;9—回风石门;10—总回风巷

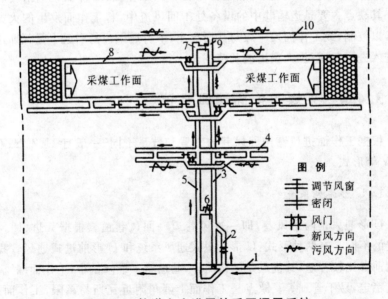

**图 3-34　轨道上山进风的采区通风系统**

1—进风大巷;2—进风联络巷;3—运输机上山;4—运输机平巷;5—轨道上山;
6—采区变电所;7—采区绞车房;8—工作面回风巷;9—回风石门;10—总回风巷

### 3.4.3 采煤工作面上行通风和下行通风

上行通风与下行通风是指风流方向与采煤工作面倾斜的关系而言。当风流沿采煤工作面由下向上流动称为上行通风,当风流沿采煤工作面由上向下流动称为下行通风。

1. 上行通风

由于瓦斯相对密度小,自然流动的方向和通风方向一致,有利于较快地排除工作面的瓦斯和冲散低风速地点局部积聚的瓦斯。但是,上行通风和下行运煤是逆向运动,容易引起煤尘飞扬,运输巷放出的瓦斯和运输设备运转所产生的热量又随风流带到采煤工作面,使工作面风流煤尘、瓦斯增加和温度升高。

2. 下行通风

工作面内运煤和风流是同向的,降低了吹扬起的煤尘,煤尘浓度较小;运输巷放出的瓦斯和机械发热量都不会带入工作面,可降低瓦斯浓度和气温。其缺点主要是运输巷中的设备处于回风流中,若工作面发生的火灾火势难以控制,或工作面发生煤与瓦斯突出,下行通风极易引起大量瓦斯逆流而进入进风巷道,扩大突出波及范围。

### 3.4.4 采煤工作面通风系统

根据工作面进风巷与回风巷的布置和数量不同,一般有 U、Z、Y、双 Z 及 W 等形式。

1. U 形通风系统

U 形通风是两条风巷,即一进风巷道一回风巷道。根据其进、回风巷布置的不同又有两种形式:U 形后退式通风系统和 U 形前进式通风。我国使用前者比较普遍,其优点是结构简单,巷道施工维修量小,工作面漏风小,风流稳定,易于管理等。缺点是工作面上隅角附近瓦斯易超限,工作面进、回风巷要提前掘进,掘进工作量大等。

2. Z 形通风系统

Z 形通风也是两条风巷,即一进一回采煤工作面通风系统。根据其进、回风巷布置的不同又有两种形式:Z 形后退式通风系统和 Z 形前进式通风系统。采用 Z 形前进式通风系统进风侧沿采空区可以抽放瓦斯,但采空区的瓦斯易涌向工作面,特别是上隅角,回风侧不能抽放瓦斯。采用 Z 形后退式通风采空区瓦斯不会涌入工作面,而是涌向回风巷,工作面采空区回风侧能用钻孔抽放瓦斯,但不能在进风侧抽放瓦斯。

Z 形通风系统的采空区的漏风,介于 U 形后退式和 U 形前进式通风系统之间,且该通风系统需沿空支护巷道和控制采空区的漏风,其难度较大。

3. W 形和 Y 形通风系统

W 形和 Y 形两种通风系统均为三条风巷,即一进两回或两进一回的采煤工作面通风系统。

(1)W 形通风系统。

实际采用的是后退式 W 形通风系统。用于高瓦斯的长工作面或双工作面。系统的进、回风平巷都布置在煤体中,当由中间及下部平巷进风、上部平巷回风时,上、下段工作面均为上行通风,但上段工作面的风速高,对防尘不利,上隅角瓦斯可能超限,所以瓦斯涌出量很大时,常采用上、下平巷进风,中间平巷回风的 W 形通风系统。

(2)Y 形通风系统。

生产实际中应用较多的是在回风侧加入附加的新鲜风流,与工作面回风汇合后从采空区侧流出的通风系统。采用该系统会使回风道的风量加大,上隅角及回风道的瓦斯不易超限,可在上部进风侧抽放瓦斯。

# 3.5　掘进通风方式

## 3.5.1　局部通风机通风

局部通风机是向井下局部地点供风的设备,是目前局部通风最主要的方法。局部通风机通风按其工作方式不同分为压入式、抽出式和混合式三种。

1. 压入式通风

压入式通风是利用局部通风机和导风机筒将新鲜风流输送到掘进工作面,污浊风流沿掘进面排出的通风方式。其布置如图 3-35 所示,局部通风机和附属装置要安装在离掘进巷道口 10 米以外的进风侧。

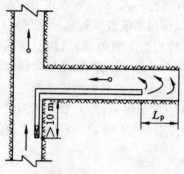

图 3-35　压入式通风

　　压入式通风排污过程如图 3-36 所示,当工作面爆破或掘进落煤后,烟尘充满迎头。风流由风筒射出后,使迎头炮烟与新风发生强烈掺混,沿着巷道向外推移。为了能有效地排出炮烟,风筒出口与工作面的距离应不超过有效射程 $L_e$,否则会出现污风停滞区。

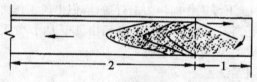

图 3-36　压入式通风排汸风过程

　　2. 抽出式通风

　　抽出式通风布置如图 3-37 所示。局部通风机也要安装在离掘进巷 10m 以外的回风侧,是新风沿掘进巷道流入工作面,污风通过风筒由局部通风机抽出的通风方式。其排除污风过程,如图 3-38 所示,当工作面掘进爆破煤后,形成的污染物分布集中带在抽出式通风的有效吸程 $L_k$ 范围内,借助紊流扩散作用使污染物与新风掺混并被吸出。

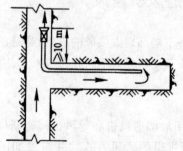

图 3-37　抽出式通风布置

**图 3-38　抽出式通风排污风过程**

3. 混合式通风

混合式通风是压入式和抽出式两种通风方式的联合运用。压入式向工作面供新风,抽出式从工作面排出污风。主要有长抽短压、长压短抽和长压长抽三种布置方式。

(1)长抽短压。

布置方式如图 3-39 所示。压入式置于新鲜风流中,压入新风稀释污风,再由抽出式主风筒排出。抽出式风筒吸风口与工作面的距离应不小于污染物分布集中带长度,与压入式风机的吸风口距离应大于 10m。

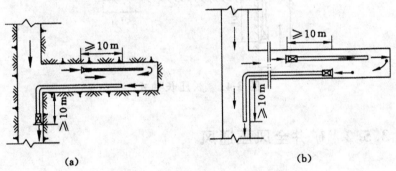

(a)　　　　　　　　　　　　(b)

**图 3-39　长抽短压式通风布置**

(2)长压短抽。

布置方式如图 3-40 所示。新鲜风流经压入式长风筒送入工作面,工作面污风经抽出式通风除尘系统净化,被净化后的风流沿巷道排出。抽出式风筒吸风口与工作面的距离应小于有效吸程。压入式风筒出风口应在前抽出式出风口 10m 以上,它与工作面的距离应不超过有效射程。

(3)长压长抽。

布置如图 3-41 所示。压入式和抽出式分别设于掘进巷道的入风和回风侧,沿巷道全长布置两趟风筒。压入式和抽出式风机的风口与工作面的距离都要小于风流的有效射程。

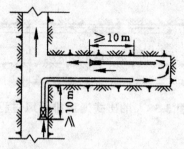

图 3-40　长压短抽式通风布置

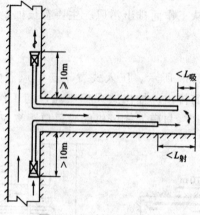

图 3-41　长压长抽式

## 3.5.2　矿井全风压通风

全风压通风是利用主要通风机所产生的风压,借助风障、风筒等导风设施将新鲜风流引入掘进工作面,并将污风排出掘进巷道的通风方式。具体通风的形式介绍如下。

1. 风障导风

如图 3-42 所示,在掘进巷道内设置纵向风障,上部进风,下部回风。风障的材料可用木板、竹、帆布;长巷掘进时,可用砖、石、混凝土等材料构筑风障。这种导风方法,构筑和拆除风障的工程量大,适用于短距离或无其他好方法可用时采用。纵向风障在矿山压力作用下会变形破坏,容易产生漏风。所以,这种方法只能在地质构造稳定、矿山压力较小、长度较短的掘进巷道中使用。

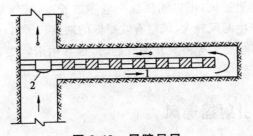

**图 3-42　风障导风**

1—风障；2—调节风门

**2. 风筒导风**

风筒导风是用风筒把新鲜空气引入掘进工作面,清洗后的污浊空气从独头掘进巷道中排出的一种通风方式,如图 3-43 所示。此种方法辅助工程量小,风筒安装,拆卸比较方便,通常用于需风量不大的短巷掘进通风中。

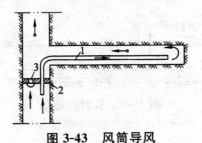

**图 3-43　风筒导风**

1—风筒；2—风墙；3—调节风门

**3. 平行巷道导风**

如图 3-44 所示,在掘进主巷的同时,在附近与其平行一条配风巷,每隔一定距离开掘联络巷,形成贯穿风流。两条平行巷道的独头部分可用风障或风筒导风,巷道的其余部分用主巷进风,配巷回风。

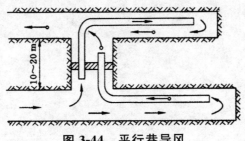

**图 3-44　平行巷导风**

利用平行巷道通风,可以缩短独头巷道的长度,连续可靠,安全性好。但这种方法会产生漏风较大、风量有效率低的缺点。所以,这种方法常用于煤巷掘进,当运输、通风等需要开掘双巷时,也常用于解决长巷掘进独头通风的困难。

### 3.5.3 引射器通风

引射器通风是利用引射器产生的通风负压,通过风筒导风的通风方法。其原理如图 3-45 所示。

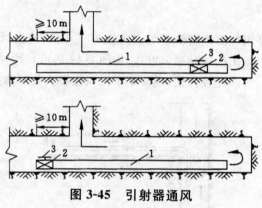

**图 3-45 引射器通风**
1—风筒;2—引射器;3—风管(或水管)

引射器通风适用于需风量不大的短距离巷道掘进通风;在含尘大、气温高的采掘机械附近,采取水力引射器与其他通风方法(全风压局部通风机)联合使用形成混合式通风,使用的前提条件是有高压水源或气源。

# 第4章 矿井通风网络中风量分配与调节

在通风动力的作用下矿井风流沿井巷道流动,并且被输送到各用风地点。通风巷道相互联通,构成了通风网络。本章讨论矿井通风网络、简单的通风网络、通风网络中风量的调节以及复杂通风网络的解算。

## 4.1 矿井通风网络

### 4.1.1 通风网络与网络图基本概念和特性

矿井通风网络是指按照矿井风流的流动关系而确定的通风井巷的连接形式。通风网络图反映的是矿井通风巷道连接形式的结构图,由节点和风路构成。

矿井通风网络的基本特性:①连通性,是指风流是连续不断的,因此,通风网络中任何两个节点之间至少有一条通路相连;②有向性,是指每条风路风流、风压及阻力的方向,风流、风压的方向一致,阻力的方向则相反;③通风网络图仅反映通风井巷的连接关系,而不能表示巷道的实际空间位置。

### 4.1.2 通风网络的几个基本术语和概念

1. 分支(风路)

分支(风路)是表示一段通风井巷的有向线段,习惯上把风路化成弧线的形式,其方向代表井巷风流的方向,用箭头表示,箭头自始节点指向末节点,如图 4-1 中每条线段代表一条分支。每条分支可有一个编号,称为分支号。用井巷的通风参数如风阻、风量和风压等,可对分支赋权。不表示实际井巷的分支,如图 4-1 中的连接进、回风井口的地面大气分支 8,称为伪分支,可用虚线表示。

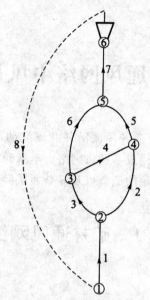

**图 4-1  简单通风网络图**

2. 节点

节点是两条或两条以上分支的交点；断面或支护方式不同的两条风道，其分界点有时也可以称为节点。每个节点有唯一的编号，称为节点号。在网络图中用圆圈加节点号表示节点，如图 4-1 中的①～⑥均为节点。

3. 回路

由两条或两条以上分支首尾相连形成的闭合线路，称为回路。

4. 树

由包含通风网络图的全部节点且任意两节点间至少有一条通路和不形成回路的部分分支构成的一类图，称为树；组成树的分支称为树枝。由网络图余下的分支构成的图，称为余树，组成余树的分支称为余树枝。如图 4-2 所示各图中的实线和虚线就分别表示图 4-1 的树和余树。

5. 独立回路

由通风网络图的一棵树及其余树中的一条余树枝形成的回路，称为独立回路。如图 4-2(a)中的树与余树枝 5、2、3 可组成的三个独立回路分别是：5-6-4、3-6-7-8-1 和 2-4-6-7-8-1。

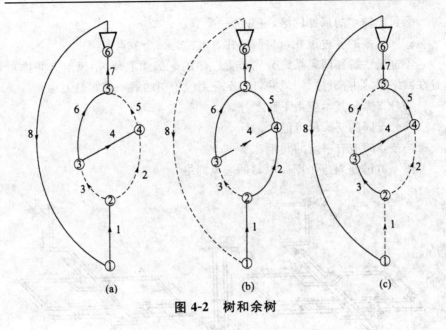

图 4-2　树和余树

## 4.1.3　通风网络图的绘制

通风网络图的形状是可以变化的。为了能清楚地反映风流的方向和分合关系,便于进行通风网络解算和通风系统分析,通风网络图的节点可以移位,分支可以曲直伸缩。通常把通风网络图总的形状画成"椭圆"形。

1. 绘制矿井通风网络图的一般步骤

(1)节点编号。

在通风系统图上,沿风流方向将井巷风流的分合点加以编号。节点编号不能重复且要保持连续性。

(2)绘制草图。

将有风流连通的节点用单线条(直线或弧线)连接。

(3)图形整理。

按照正确、美观的原则对网络图进行修改,直到满意为止。

(4)标注。

标出各分支的风向、风量、主要通风设施等,并以图例说明。

2. 绘制通风网络图的一般原则

①某些距离相近的节点,其间风阻很小时,可简化为一个节点。

②风压较小的局部网络,可并为一个节点。

③同标高的各进风井口与回风井口可视为一个节点。

④进风系统和回风系统分别布置在图的下部和上部;用风地点并排布置在网络图的中部;进、回风井口节点分别位于图的最下端和最上端。

⑤分支方向基本应由下而上。

⑥分支间的交叉尽可能少。

⑦节点间应有一定的间距。

图 4-3(b)是对应于图 4-3(a)的通风网络。

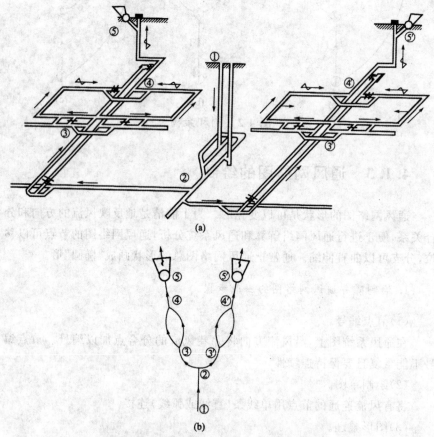

(a)

(b)

图 4-3　通风系统立体示意图及网络

## 4.1.4　通风网络基本形式

矿井的风网形式复杂多样,基本形式有串联形式、并联形式和角连形式三种。

1. 串联形式

由两条以上风路彼此首尾相连而构成的总风路称为串联风路。在网络图中一般以单一风路的形式表示。

2. 并联形式

两条以上风路,自同一个节点分开,然后在另一个节点汇合构成并联风网。

3. 角联形式

在简单并联风网的分风点和合风点之间有一条或几条风路贯通构成的网络形式称为角联,中间的贯穿风路称为对角风路。

## 4.1.5　通风网络的基本规律

1. 风量平衡定律

在稳态通风条件下,单位时间流入某节点的空气质量等于流出该节点的空气质量称为风量平衡定律。在不考虑风流密度的变化的情况下,流入某节点的风量等于流出该节点的风量。

如图 4-4 所示,对于节点 2,流入的风量为 $Q_2$,流出的风量为 $Q_4$ 和 $Q_6$,其关系即为:

$$Q_2 = Q_4 + Q_6 \tag{4-1}$$

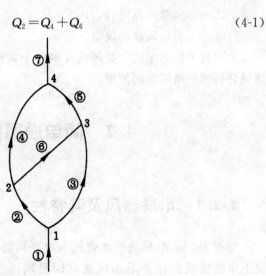

图 4-4

对于任意节点,取流入的流量记为正值,流出的记为负值,则风量平衡定律可以表示成如下形式:

$$\sum Q_i = 0 \tag{4-2}$$

式中,$Q_i$ 为与节点相连的第 $i$ 条风路的风量。

2. 风压平衡定律

一般顺时针方向的风路的风压取正值、逆时针方向取负值,则通风网络中任一回路的各风路风压的代数和为零。

如图 4-4 所示,取回路 1-②-2-⑥-3-③-1,逆时针方向风路为③,风压为 $h_3$;顺时针方向风路为②和⑥,其风压为 $h_2$、$h_6$,则各风路的风压关系为:

$$h_2 + h_6 - h_3 = 0 \tag{4-3}$$

对于任一的回路,写成一般式即:

$$\sum h_i = 0 \tag{4-4}$$

式中,$h_i$ 为回路中的第 $i$ 条风路的风压。

3. 通风阻力定律

对于通风网络中,任一风路的通风阻力等于其风阻和风量的平方之积。其表达式为:

$$h_{ri} = R_i Q_i^2 \tag{4-5}$$

式中　$h_{ri}$——风路的通风阻力,Pa;

$R_i$——风路的风阻,$\text{kg/m}^7$;

$Q_i$——通过风路的风量,$\text{m}^3/\text{s}$。

上述讨论的三个定律是风流在网络中流动所遵循的基本规律,是进行通风分析和网络解算的依据。

# 4.2　简单通风网络

## 4.2.1　串联通风及其特性

如图 4-5 所示,风流依次流经各串联风路且中间无分支风路。通常意义上串联通风是指井下用风地点的回风再次进入其他用风地点的通风方式。

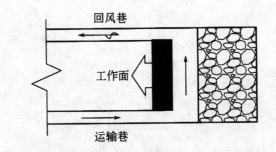

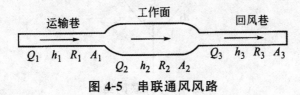

**图 4-5　串联通风风路**

串联通风也称为"一条龙"通风,其特性如下:

(1)串联风路的总风量等于各段风路的分风量,即:

$$Q_{串} = Q_1 = Q_2 = \cdots = Q_n \qquad (4\text{-}6)$$

(2)串联风路的总风压等于各段风路的分风压之和,即:

$$h_{串} = h_1 + h_2 + \cdots + h_i = \sum_{i=1}^{n} h_i \qquad (4\text{-}7)$$

(3)串联风路的总风阻等于各段风路的分风阻之和。根据通风阻力定律 $h_n = R_i Q_i^2$,公式(4-7)可写成:

$$R_{串}\ Q_{串} = R_1 Q_1^2 + R_2 Q_2^2 + \cdots + R_n Q_n^2 \qquad (4\text{-}8)$$

因为 $Q_{串} = Q_1 = Q_2 = \cdots = Q_n$,所以有:

$$R_{串} = R_1 + R_2 + \cdots + R_n \qquad (4\text{-}9)$$

## 4.2.2　并联通风及其特性

如图 4-6 所示为并联网络。并联通风是由两条或两条以上的分支在某一节点分开后,又在另一节点汇合,其间无交叉分支时的通风方式。

并联网络的有以下特性:

(1)并联网络的总风量等于并联各分支风量之和,即:

$$Q_{并} = Q_1 + Q_2 + \cdots + Q_n = \sum_{i=1}^{n} Q_i \qquad (4\text{-}10)$$

(2)并联网络的总风压等于任一并联分支的风压,即:

$$h_{并} = h_1 = h_2 = \cdots = h_n \qquad (4\text{-}11)$$

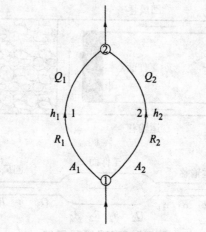

**图 4-6 并联网络**

（3）并联网络的总风阻平方根的倒数等于并联各分支风阻平方根的倒数之和。由 $h_{ri}=R_iQ_i^2$，得 $Q=\sqrt{\dfrac{h}{R}}$，代入公式（4-10）得：

$$\sqrt{\frac{h_{并}}{R_{并}}}=\sqrt{\frac{h_1}{R_1}}+\sqrt{\frac{h_2}{R_2}}+\cdots+\sqrt{\frac{h_n}{R_n}} \tag{4-12}$$

因为 $h_{并}=h_1=h_2=\cdots=h_n$，因此有：

$$\frac{1}{\sqrt{R_{并}}}=\frac{1}{\sqrt{R_1}}+\frac{1}{\sqrt{R_2}}+\cdots+\frac{1}{\sqrt{R_n}} \tag{4-13}$$

当 $R_1=R_2=\cdots=R_n$ 时，则有：

$$R_{并}=\frac{R_1}{n^2}=\frac{R_2}{n^2}=\cdots=\frac{R_n}{n^2} \tag{4-14}$$

## 4.2.3 串联与并联的比较

### 1. 从技术方面比较

为了便于讨论，假设有两条风路 1 和 2，其风阻 $R_1$、$R_2$ 并相等为 $R$，通过的风量 $Q_1$、$Q_2$ 也相等为 $Q$，风压 $h_1$、$h_2$ 相等为 $h$。现将它们分别组成串联风路和并联网络，如图 4-7 所示。

（1）总风量比较。

串联：$Q_{串}=Q_1=Q_2=Q$

并联：$Q_{并}=Q_1+Q_2=2Q$

故有：$Q_{并}=2Q_{串}$

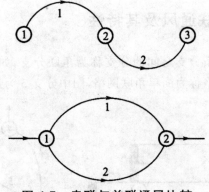

图 4-7　串联与并联通风比较

（2）总风阻比较。

串联：$R_串 = R_1 + R_2 = 2R$

并联：$R_并 = \dfrac{R_1}{n^2} = \dfrac{1}{4}R$

故有：$R_并 = \dfrac{1}{8}R_串$

（3）总风压比较。

串联：$h_串 = h_1 + h_2 = 2h$

并联：$h_并 = h_1 = h_2 = h$

故有：$h_并 = \dfrac{1}{2}h_串$

由此可看出，在两条风路通风条件完全相同的情况下，并联网络的总风阻仅为串联风路总风阻的 1/8；并联网络的总风压为串联风路总风压的 1/2，而总风量却大了一倍。这充分说明：并联通风通过能力大，风阻小，通风较为容易。

2. 从安全方面比较

①并联各分支的风量，可根据生产需要进行调节；而串联时，各风路的风量则不能进行调节，不能有效地利用风量。

②并联各分支独立通风，风流新鲜，互不干扰，有利于安全生产；而串联后面风路的入风是前面风路排出的污风，风流不新鲜，空气质量差，不利于安全生产。

③并联的某一分支风路中发生事故，易于控制与隔离，不致影响其他分支巷道，安全效果好；而串联时若有一个地点发生事故，势必波及整个风流和网络，不便于处理事故。

## 4.2.4 角联通风及其特性

连接于并联两条分支之间的分支称为角联分支,如图 4-8 所示。只有一条角联分支的网络称为简单角联网络,图中分支 5 为角联分支。

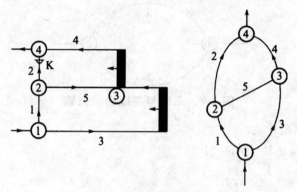

**图 4-8 简单角联网络**

角联网络的特性是:角联分支的风流方向是不稳定的。其方向取决于两侧风路的风阻分布,改变角联风路两侧的风阻便可改变角联风路的风向。对图 4-8 所示的简单角联网络,可推出角联分支 5 的风流方向判别式为:

$$K = \frac{R_1 R_4}{R_2 R_3} \tag{4-15}$$

$K < 1$,风流方向由②到③;

$K = 1$,对角风路无风;

$K > 1$,风流方向由③到②。

由上述三个判别式可以看出,简单角联网络中角联分支的风向完全取决于两侧各邻近风路的风阻比,而与其本身的风阻无关。通过改变角联分支两侧各邻近风路的风阻,就可以改变角联分支的风向。

# 4.3 通风网络风量调节

## 4.3.1 局部风量调节

局部风量调节是指在总风量满足的条件下,采区内部各工作面间、采区之间或生产水平之间的风量调节。有三种方法:增阻法、减阻法及辅助通风机调节法。

1. 增阻调节法

增阻调节法是用调节风窗等设施,增大风路的阻力,从而降低与该巷道处于同一通路中的风量,增大与其关联的通路上的风量。这是目前使用最普遍的通风网络内部调节风量的方法。

(1)增阻调节计算。

如图 4-9 所示的简单并联风网,各风路的风阻为 $R_1$、$R_2$,自然分配的风量分别为 $Q_1$、$Q_2$[图 4-9(a)],则两风路的通风阻力为:

$$h_1 = R_1 Q_1^2 = R_2 Q_2^2 = h_2$$

若风路 2 需风量为 $Q_2'$,且 $Q_2' > Q_2$,则需在风路 1 中设调节风窗,增加局部风阻 $R_c$,风路 1 增阻后的风阻为 $R_1'$[图 4-9(b)],即:

$$R_1' = R_1 + R_c \tag{4-16}$$

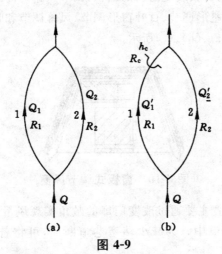

图 4-9

增阻后,各风路的风量重新自然分配,其中风路 1 的风量由 $Q_1$ 减少至 $Q_1'$;风路 2 的风量由 $Q_2$ 增大至 $Q_2'$。各风路的通风阻力为 $h_1'$ 及 $h_2'$。

$$h_1' = R_1' Q_1'^2 = R_2 Q_2'^2 h_2'$$
$$(R_1 + R_2) Q_1'^2 = R_2 Q_2'^2$$

故调节风窗的风阻 $R_c$ 为:

$$R_c = \frac{R_2 Q_2'^2}{Q_1'^2} - R_1 \tag{4-17}$$

按风流先收缩,再扩大所产生的冲击损失,可计算调节风窗的面积 $S_c$:当 $S_c/S \leqslant 0.5$ 时:

$$S_c = \frac{QS}{0.65Q + 0.84S\sqrt{h_c}}, \text{或} \ S_c = \frac{S}{0.65 + 0.84S\sqrt{R_c}} \tag{4-18}$$

当 $S_c/S > 0.5$ 时：

$$S_c = \frac{QS}{Q + 0.759S\sqrt{h_c}} \text{或} \ S_c = \frac{S}{1 + 0.759S\sqrt{R_c}} \tag{4-19}$$

式中　$S_c$——调节风窗的断面积，$m^2$；

　　　$S$——巷道的断面积，$m^2$；

　　　$Q$——通过的风量，$m^3/s$；

　　　$h_c$——调节风窗阻力，$Pa$；

　　　$R_c$——调节风窗的风阻，$kg/m^7$。

（2）增阻调节装置。

增阻调节中窗板式调节风窗是使用最多的。如图 4-10 所示，在风门上开一小窗，用滑动的窗板改变窗口的面积，调节风路的局部阻力。根据不同的使用要求还有气室形调节、百叶窗形调节、风幕调节和临时风帘等增阻调节措施，如图 4-11(a)、(b)、(c)所示。

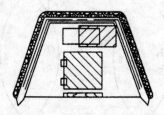

图 4-10　窗板式调节风窗

气室形调节装置主要通过改变门扉的敞角实现风量调节，故可设在运输强度不太大的巷道中。为减少堵塞巷道断面，可将若干个串联为一组使用。

百叶窗形调节装置利用改变叶片的角度实现风量调节。可连续平滑调节，调节范围较宽，调节比较均匀，易于实现自动化控制。

风幕调节装置可连续平滑地实现调节，但调节量有一定限度；机构可靠，易于实现自动化管理。不堵塞巷道，不影响行人和运输，还可在风幕中加水，有利于降尘，故可设置在并联巷道的岔口处。

（3）使用增阻调节法的注意事项。

①风窗应设于回风巷道中，以免妨碍运输。当必须安设在运输巷时，可采取多段调节。

②在复杂的风网中，在计算风窗的阻力之前，要先找出风网中最大阻力路线的阻力值，选择调节风窗位置时，设法避开最大阻力路线，以免提高整

个风网的通风阻力。此外,调节装置的数量及设置地点不同,会出现多种方案,风量调节的最佳目标是选择能耗最少的方案。

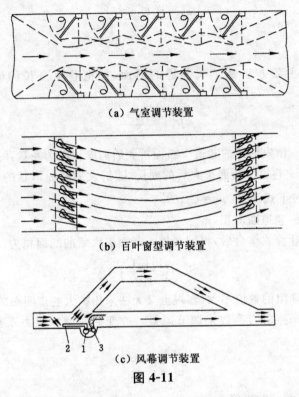

**(a)** 气室调节装置

**(b)** 百叶窗型调节装置

**(c)** 风幕调节装置

**图 4-11**

③调节风窗应设置在适宜地点。如在煤巷中布置时,要考虑由于风窗两侧压差引起煤体裂隙漏风而发生自燃的危险性。

④增阻调节法会增加矿井总风阻,减少总风量。因此,在主干风路中增阻调节时必须考虑主通风机风量的变化,以免出现风量不能满足需要的情况。

**2. 减阻调节法**

减阻调节法是在巷道中采取降阻措施,降低巷道的通风阻力,从而增大与该巷道处于同一通路中的风量,或减小与其并联通路上的风量。

(1)减阻调节的计算。

如图 4-9 所示的并联风网,各风路的风阻为 $R_1$、$R_2$,自然分配的风量分别为 $Q_1$、$Q_2$,则两风路的通风阻力为:

$$h_1 = R_1 Q_1^2 = R_2 Q_2^2 = h_2$$

若风路 2 需风量为 $Q_2'$,且 $Q_2' > Q_2$,则:

$$h_1' = R_1 Q_1'^2 < h_2' = R_2 Q_2'^2$$

小阻力 $h_1'$ 为依据,把 $h_2'$ 减到 $h_1'$。需把 $R_2$ 降到 $R_2'$,即:

$$h_2' = R_2 Q_2'^2 = h_1'$$

则:

$$R_2' = h_1' / Q_2'^2 \tag{4-20}$$

降阻的主要办法是扩大巷道的断面,如把巷道全长的断面扩大到 $S_2'$,则:

$$R_2' = \frac{\alpha_2' L_2 U_2'}{S_2'^3} \tag{4-21}$$

式中　$\alpha_2'$——预先估计的巷道 1 断面扩大后的摩擦阻力系数,$kg/m^3$;

$U_2'$——巷道 1 断面扩大后的周长,随扩大后断面形状的变化而有所不同,m,可按下式计算:$U_2' = C \sqrt{S_2'}$;

$S_2'$——巷道断面积,$m^2$。

将上述计算式综合后,得到巷道 1 断面扩大后的断面积为:

$$S_2' = \left( \frac{\alpha_2' L_2' C}{R_2'} \right)^{2/5} \tag{4-22}$$

若所需降阻的数值不大,客观上又无法采用扩大巷道断面的措施时,也可通过减小摩擦阻力系数来调节风量。改变后的摩擦阻力系数可用下式计算:

$$\alpha_2' = \frac{R_2' S_2'^{2.5}}{L_2 C} \tag{4-23}$$

(2)减阻调节的措施。

减阻调节的措施主要有:①扩大巷道断面;②清除巷道中的局部阻力物;③降低摩擦阻力系数;④缩短风流路线的总长度;⑤采用并联风路。

采用减阻法调节,可减小矿井总风阻,使总风量有所增加。但矿井总风量的增加量总是小于降阻风路的风量增加量,与降阻风路并联的风路风量将降低,这是降阻调节应注意的。降阻措施的工程量大,投资多,工期长。所以降阻调节多用于矿井产量大、巷道断面小、采区巷道变形严重或主要巷道年久失修的巷道。

3. 辅助通风机调节法

辅助通风机调节法是在阻力大的风路上设置辅助通风机,克服部分通风阻力,达到提高其风量的目的。如图 4-12 所示,两采风区风量分别为 $Q_1$ 及 $Q_2$,风阻为 $R_1$ 和 $R_2$。

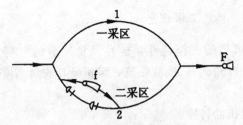

图 4-12　辅助通风调节法

为了保证两采区的风量，一区阻力 $h_1 = R_1 Q_1^2$，二区阻力 $h_2 = R_2 Q_2^2$。若 $h_1 < h_2$，为保证按需供风，就需在风路 2 上设置助通风机，其风压 $h_f$ 为：

$$h_f = h_2 - h_1 \tag{4-24}$$

辅助通风机的风量 $Q_f$ 为：

$$Q_f = Q_2 \tag{4-25}$$

辅助通风机有两种安装方法：无风墙的辅助通风机和有风墙的辅助通风机。无风墙的辅助通风机调节，能力较小，一般采用有风墙的辅助通风机。

## 4.3.2　通风网络总风量的调节

由于井下生产变化、工作地点迁移、井巷数量或连接关系改变、安全条件发生变化等，都将导致矿井风量随时变化。当矿井总风量不够或过剩时，要调整主要通风机的工况点，从而调节总风量。采取的措施有两方面：一是改变主要通风机的工作风阻，二是改变主要通风机的工作特性。

1. 改变主要通风机工作风阻的调节

(1)风硐闸门调节法。

离心式风机的功率特性曲线随风量减小而降低。因此，对于离心式风机，当风量过剩时，可增加主要通风机的风阻以降低风量，减少电耗。方法是调低风硐中的调节闸门，增大局部阻力来改变主要通风机工作风阻，从而达到调节风量的目的。

对于轴流式风机，由于其功率特性曲线随风量减小而上升，因此一般不用增加风阻的方法降低风量。

(2)降低矿井总风阻。

前面我们已经讨论过当矿井风压一定时，若总风量不足，降低矿井总风阻，则不仅可增大矿井总风量，而且可以降低矿井总阻力。

2. 改变主要通风机工作特性

改变主要通风机的工作特性是矿井风量调节的主要方法。具体办法有:改变通风机的叶轮转速;改变轴流式风机叶片安装角度和调节对旋式通风机等。

(1)改变通风机的转速。

通风机的风量与转速成正比,风压与转速的平方成正比,转速越大通风机的风量和风压越大。改变通风机转速的方法是更换电动机,利用不同转速的电动机,达到较大范围的调节,目前轴流式通风机多用此法调节转速。

采用变频技术的矿井,在一定范围内,也可以通过调整电动机的转速,方便地实现总风量的调节。

(2)改变轴流式通风机动轮叶片的安装角度。

在矿井生产中,常采用改变轴流式通风机叶片安装角的方法实施调节。如图 4-13 所示,轴流式主要通风机动轮叶片的安装角为 $\alpha_1$,其运转工况点为特性曲线 I 上的 $a$ 点,由于运转工况发生改变,通风机运转工况点需移至 $b$ 点时,应把通风机动轮叶片的安装角调整到 $\alpha_2$,才能使其风压特性曲线通过 $b$ 点,从而保证矿井总风量。

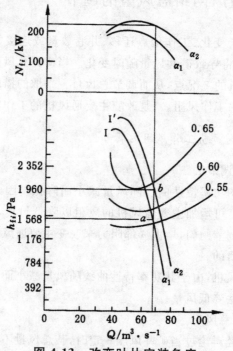

图 4-13 改变叶片安装角度

轴流式通风机的叶片,是用双螺帽固定于轮毂上的,调整时只需将螺帽拧开,调整好角度后再拧紧即可。这种方法的调节范围比较大,每次最小可调 2.5°,可使通风机在最佳工作区域内工作。

(3)调节对旋式通风机。

对旋式通风机是近年来大力开发和应用的新型高效轴流式风机。其调节方法和一般轴流式通风机相似,可以改变电动机的转速,也可以调整风机两级动轮上的叶片安装角。两级动轮分别由各自的电动机驱动,因此,在矿井投产初期甚至可单级运行。

## 4.3.3　通风网络动态特性分析

通风网络的动态特性是指通风网络的结构和风阻的变化对风流的方向和大小的影响规律。在生产矿井中,随着采掘工作面的向前推进或转移,通风网络中的风阻和风网的结构将相应发生变化,风网内风流也随之发生变化。

### 1. 井巷风阻变化引起风流变化的规律

矿井风网内风路风阻变化是经常发生的。有些风阻变化是随机的,如风门的开启、罐笼和车辆的运行等;有些风阻变化是按计划进行的,如采掘工作面的推进和搬迁、采区的接替、水平的延深等。任何风阻变化都会使风网内风流发生改变。

(1)变阻风路本身的风量与风压变化规律。

当风阻减小时,该风路的风量增大、风压降低;当某风路风阻增大时,该风路的风量减小、风压增大。这一规律是由井巷通风阻力定律和通风机风压性能特性所决定的。

(2)变风阻风路对其他风路风量与风压的影响规律。

①对于一进一出的子网络,若外部风路调阻引起其流入或流出的风量发生改变,则其内部各风路风量变化趋势与之相同。

②当某风路风阻减小时,与该风路并联的通路上的风路的风量减小,风压也降低;包含该风路的所有通路上的其他风路的风量增大,风压也升高;当风阻增大时,情况与此相反。

③风网内某风路风阻变化时,本风路的风压和风量变化幅度最大,离该风路越远的风路变化幅度越小。

④由于某风路风阻增减时,风网的总风阻随之增减,导致风网总风量亦发生变化。所以会导致通风网中某风路增大风阻时,增阻巷道风量减少

量比与其并联的巷道风量增加量大;某巷道减阻时,减阻风路风量增加量比与其并联巷道风量减少量大。

⑤风路的不同类型,其风阻变化引起的风量变化幅度和影响范围也是不同的。一般,主干风路风阻改变引起的风量变化幅度和影响范围大,末支风路风阻改变引起的风量变化幅度和影响范围小。

(3)巷道贯通与密闭对风流的影响。

巷道贯通时要在通风网络中增加贯通后的风路,相当于新加风路的风阻由无穷大减小至巷道贯通时的风阻,其风量由无风变为有风,风流方向取决于巷道两端点间压能差;对其他风路的影响规律与风路减阻相同。

巷道密闭相当于该风路的风阻增至无穷大,将使巷道风量减小到几乎为零;对其他巷道的影响规律与风路增阻相同。

2. 风流稳定性分析

(1)基本概念。

风流稳定性是指井巷中风流方向发生变化或风量大小变化超过允许范围的现象。风流不稳定会造成矿井灾害事故易发,并且事故影响范围大。因此保持风网中主要巷道和用风地点的风流稳定是通风管理的重要任务,也是安全生产所必须的。

(2)影响风流稳定性的因素。

影响风流稳定性的因素很多,诸如通风构筑物、通风动力的非正常工作状况;自然风压;巷道的贯通情况;采区接替;生产水平过渡等都会影响风流的稳定性。

上述各种因素若去掉其物理意义,可归结为三个方面:通风动力的改变、风路风阻的改变和通风网络结构的改变。

(3)通风动力变化对风流稳定性的影响。

通风动力的变化即主要通风机数量和性能的变化、辅助通风机数量和性能的变化,这些会导致风机所在风路的风量变化,并且也会引起风网内其他风路的风量的变化,还会影响风网内其他风机的工况点。

①多主要通风机风网内,当某主要通风机性能发生变化时,整个风网内各风路风量不按比例变化。某主要通风机能力增大,与主要通风机串联的风机和子风网风量随之增大,但与其并联的风机和子风网风量减小。

②单主要通风机风网内,当主要通风机性能变化时,风网内各风路风量与其风量变化的趋势和比率相同。

③多主要通风机风网内,当某主要通风机性能发生变化时,即使风网结构和风路风阻不变,由于总风量和各主要通风机风量配置发生了变化,因此,各主要通风机的工作风阻与风网总风阻也会发生变化。

④当在某巷道内设置辅助通风机后,不仅改变该巷道本身风流,也会改变其他巷道风流。当辅助通风机风量增大时,辅助通风机所在风路风量增大,包含辅助通风机在内的闭合回路中,与辅助通风机风向一致的各条巷道风量增加,与其风向相反的各条巷道风量减小。风量变化幅度,以风机所在风路为最大,距风机所在巷道越远,风量变化幅度越小。

当辅助通风机风压过高或风量过大时,将引起与其并联风路风量不足或停风;在此基础上,若辅助通风机风量大于回路的总风量或辅助通风机风压大于回路内其同向风路的风压损失时,将引起与其并联风路风流反向。

# 4.4　复杂通风网络解算

## 4.4.1　通风网络解算概述

通风网络解算是指在网络结构确定的情况下,已知部分的通风参数,求解其余通风参数的过程。主要有一般通风网络解算和复杂通风网络解算。根据解算的目的不同,网络解算还有求算风路风阻、混合参数解算、火灾模拟、网络风温预测等形式。一般的通风网络解算是已知各风路的风阻、自然风压、通风机的特性曲线等参数,求算各条巷道的风阻、风量等。复杂通风网络是由串联、并联、角联等众多风路够成的结构复杂的通风网。由于复杂风网中各风路风量与风阻及阻力间是非线性关系,不能用解析法直接求解,只能借助计算机采用数值方法进行解算。随着研究的深入,网络解算的功能越来越全面。

## 4.4.2　通风网络解算的方法

解算通风网络的各种数值法可分为两大类:一类是节点法,首先根据风压平衡定律假设一个初始节点压力,再由节点风量平衡方程推导出压力修正计算式,逐步对节点压力进行修正,直至满足节点风量平衡方程;另一类是回路法,首先根据节点风量平衡定律假设一个初始风量,由回路风压平衡方程推导出风量修正计算式,逐步对风量进行修正,直至满足回路风压平衡方程。目前应用较多的是斯考得－恒斯雷算法,其实质是以图论为基础,以风流的基本定律为依据利用高斯－塞德尔迭代法逐次求解网孔的修正风量,直到达到预先给定的精度为止,以获得接近方程组真实解的风量值。此法比较简单,容易理解。

## 4.4.3　回路法解算通风网络的思路

1. 初拟各风路的风量

一个有 $n$ 条风路,$m$ 个节点的通风网络中,有 $n-m+1$ 条独立风路,只要确定了一条独立风路的风量,其余的 m－1 条风路的风量就可由风量平衡定律得到。

2. 计算独立风路的风量修正量

各风路中人为拟定的风量与实际自然分配的风量存在差值,不满足回路风压平衡定律。根据回路风压平衡方程可以推导出各独立风路的风量修正的计算式:

$$\Delta Q_i = \frac{\sum_{i=1}^{n} R_{ij} Q_{ij}^2 - H_{fi} m H_{mi}}{2 \sum_{i=1}^{n} |R_{ij} Q_{ij}| - H'_{fi}} \tag{4-26}$$

式中　　$\Delta Q_i$——第 $i$ 条独立风路风量修正量;

$R_{ij}$——第 $i$ 独立风路所对应的独立回路中第 $j$ 风路的风阻;

$Q_{ij}$——第 $i$ 独立风路所对应的独立回路中第 $j$ 风路的拟定的风量;

$h_{fi}$——独立风路 $i$ 的风机风压;

$H_{mi}$——第 $i$ 独立风路所对应的独立回路的自然风压;

$n$——第 $i$ 独立风路所对应的独立回路中的风路数。

3. 对拟定的风量进行逐步修正

将初拟的风量 $Q_i^{(0)}$ 代入公式(4-26)计算各条独立风路的修正量 $\Delta Q_i^{(0)}$,对每条风路的风量进行修正 $Q_{ij}^{(1)} = Q_{ij}^{(0)} + Q_i^{(0)}$,对各回路逐一计算,直到计算完所有独立回路便得到第一次修正后的各分路风量 $Q_{ij}^{(1)}$,完成了第一次修正。将第一次修正后的风量,按上述步骤进行第二次修正。进行迭代计算,到满足要求为止。

**4. 精度检查**

每次迭代后要判断计算结果是否已满足给定的精度要求：

$$\max |\Delta Q_i^{(k)}| < \varepsilon \tag{4-27}$$

人为给定精度 $\varepsilon$，一般可取 $0.1\sim0.01\text{m}^3/\text{s}$。

若精度已满足，迭代计算终止。否则，继续进行下一次迭代。

## 4.4.4　解算程序步骤

**1. 输入有关参数**

通常需输入风路数、节点数、摩擦阻力系数、巷道参数、始末节点序号、风机参数、自然风压、固定风量、解算精度等。

**2. 选择独立风路及回路**

输入风网各风路序列为：固定风量风路，风机风路，其余风路。一般将固定风量风路和装风机风路作为独立风路，其他独立风路依风阻从大到小的顺序，采用"破圈"选择。独立回路是以独立风路为基础，在风网图上向其正方向延伸，一直到构成回路为止，回路中独立风路方向一致者为正，相反者为负。

**3. 计算回路自然风压**

按位压差计算各回路的自然风压，或者作为固定值输入。

**4. 通风机特性曲线拟合**

拟合风机曲线方程为：

$$H_f = a_0 + a_1 Q + a_2 Q^2 \tag{4-28}$$

**5. 风量赋初值**

对有风机的回路，以风机特性曲线第二点的风量给回路各风路赋值；对固定风量风路所在的回路，直接把固定风量值赋给回路内的其余风路作为迭代的初始风量；其余独立风路全赋定值。

**6. 迭代计算**

程序规定有固定风量的回路不参与迭代计算，迭代以独立回路为单位，直到所有回路都达到预定精度为止。

7. 计算各风路阻力并输出计算结果

按已算出的风量和输入的风阻值计算各巷道的阻力，同时按风量和巷道断面计算风速，最后以表格形式打印各风路号、节点号、风阻、风量、阻力、断面和风速。以及通风机的工况点、矿井等积孔等参数。

# 第 5 章  矿井瓦斯防治与利用

矿井瓦斯是煤矿生产过程中,从煤、岩体内涌出的各种有毒有害气体的总称。煤矿术语中的瓦斯指的就是甲烷,俗称沼气。一般情况下,矿井瓦斯除含有甲烷(80%～90%)以外,还有其他烃类(如乙烷、丙烷),以及二氧化碳和稀有气体。个别煤层含有 $H_2$、$CO$、$H_2S$ 等。其组成成分及其比例关系因其成因不同而有差别。

瓦斯虽然无毒,但在井下大量瓦斯积聚区域会使人员因缺氧而窒息。在煤矿采掘生产过程中,瓦斯在适当的条件下能燃烧和爆炸,有时也会发生瓦斯喷出或煤与瓦斯突出,产生严重的机械破坏作用,甚至造成巨大的财产损失和人员伤亡。但是,煤层及其顶板围岩中的瓦斯又是重要的矿物资源,可做化工原料和燃料。因此,研究瓦斯的性质和涌出规律,并采取相应的防治措施,不仅能达到安全生产的目的,而且可以合理利用瓦斯,变害为利。

## 5.1  矿井瓦斯防治

### 5.1.1  矿井瓦斯的基础知识

1. 矿井瓦斯的生成

矿井瓦斯是在煤的形成过程中产生的。古代植物埋藏在地下,在厌氧菌的作用下经过亿万年的物理、化学以及生物方面的变化,逐渐形成了煤,在形成煤的过程中又裂解出了大量的甲烷、二氧化碳、硫化氢、二氧化硫、氨气等有害气体。在理想条件下,1kg 的纤维质变成无烟煤的过程中能生成 $0.257m^3$ 的甲烷气体,其化学反应过程如下:

$$4C_6H_{10}O_5(植物纤维质)\longrightarrow 7CH_4 + 8CO_2 + 3H_2O + C_9H_6O(无烟煤)$$

通过科学计算,由古代植物每生成 1t 的烟煤大约可产生 $600m^3$ 以上的甲烷,而由 1t 的烟煤在演变为 1t 的无烟煤的过程中大约又能产生 $240m^3$ 以上的甲烷。由此可知,在形成煤的过程中,瓦斯的产生量是十分巨大的。

但由于甲烷的渗透能力特别强,它又比空气轻,在漫长的地质年代,绝大部分甲烷都穿过煤层上面的覆盖层扩散到了大气层中,留在煤层中的甲烷已微乎其微了。另外植物纤维质最主要的构成成分是碳、氢、氧,但植物中还含有大量的微量元素,如氮、硫、磷、铁等,因此在纤维质高分子的裂解和重组中,又可产生氨气、氮气、二氧化硫、硫化氢等有害气体赋存于煤、岩体中。

2. 瓦斯的性质

瓦斯的性质见表 5-1。

表 5-1　瓦斯的性质

| 物理性质 | 化学性质 |
| --- | --- |
| 瓦斯($CH_4$)是一种无色、无味、无毒的气体,难溶于水。$CH_4$ 在标准状态下的密度为 0.716,比空气轻,相对密度为 0.554,所以它容易在巷道的顶部、上帮等较高的地方积聚。$CH_4$ 的扩散性很强,是空气的 1.6 倍,能从邻近层穿过裂缝逸散 | 瓦斯不能助燃,但可在一定的条件下燃烧或爆炸。瓦斯本身无毒,也不能维持呼吸,当瓦斯浓度较高时,氧气浓度会减少,使人因缺氧而窒息 |

3. 瓦斯的赋存状态

(1)瓦斯在煤层中的赋存状态。

瓦斯在煤层及围岩中的赋存状态有两种,一种是游离状态,另一种是吸附状态,如图 5-1 所示。

图 5-1　煤层瓦斯赋存状态示意图

1—游离瓦斯;2—吸着瓦斯;3—吸收瓦斯;4—煤体;5—孔隙

①游离状态。游离状态即自由状态,这种状态的瓦斯以自由气体状态存在于煤层或围岩的孔洞之中,其分子可自由运动。游离瓦斯量的大小与储存空间的容积和瓦斯压力成正比,与瓦斯温度成反比。

②吸附状态。吸附状态的瓦斯按照结合方式的不同,又分为吸着状态和吸收状态。吸着状态是指瓦斯分子被吸着在煤体或岩体微孔表面,在表面形成瓦斯薄膜;吸收状态是指瓦斯分子被充填到煤体中,占据煤分子结构性空间,即瓦斯分子进入煤体胶结微粒结构内,类似于气体溶解于液体。吸附瓦斯量的大小,与煤的性质、空隙结构特点以及瓦斯压力、温度有关。

煤体中瓦斯存在的状态不是固定不变的,而是处于不断交换的动态平衡状态,当条件发生变化时,这一平衡就会被打破。由于温度降低或压力增高使一部分游离瓦斯转化为吸附瓦斯的现象,称为瓦斯吸附;由于温度升高或压力降低使一部分吸附瓦斯转化为游离瓦斯的现象,称为瓦斯解吸。

(2)瓦斯在煤层中的垂直分带[1]。

在漫长地质年代中,变质作用过程中生成的瓦斯在其压力差与浓度差的驱动下不断向大气中运移,而地表空气通过渗透和扩散也不断向煤层深部运移,这就导致瓦斯沿煤层垂深出现了特征明显的四个分带,即 $CO_2-N_2$ 带、$N_2$ 带、$N_2-CH_4$ 带、$CH_4$ 带,前三带(第Ⅰ、Ⅱ、Ⅲ带)又统称为瓦斯风化带,第Ⅳ带称为甲烷带。各带的气体组分与含量见表 5-2。

表 5-2　煤层瓦斯垂直分布及各带主要气体成分

| 名　称 | 成　因 | 瓦斯成分/% | | |
|---|---|---|---|---|
| | | $N_2$ | $CO_2$ | $CH_4$ |
| $CO_2-N_2$ | 生物化学—空气 | 20~80 | >20 | <10 |
| $N_2$ | 空气 | >80 | <10~20 | <20 |
| $N_2-CH_4$ | 空气—变质 | <80 | <10~20 | <80 |
| $CH_4$ | 变质 | <20 | <10 | >80 |

确定瓦斯风化带和瓦斯带的深度是很重要的[2],因为在瓦斯带内,煤层中瓦斯含量、瓦斯压力,以及在开采条件变化不大的前提下的瓦斯涌出量都随着深度的增加而有规律地增大。研究这些规律及其影响因素,是防治矿井瓦斯灾害的基本工作之一。

---

①　何延山. 矿井通风与安全. 湘潭:湘潭大学出版社,2009.

②　人力资源和社会保障部教材办公室. 矿井通风与安全。北京:中国劳动社会保障出版社,2009.

4. 煤层瓦斯含量

(1)煤层瓦斯含量的概念。

煤层瓦斯含量指单位体积或单位质量的煤体中所含有的瓦斯量,单位为 $m^3/m^3$ 或 $m^3/t$。煤层瓦斯含量包括游离瓦斯和吸附瓦斯两部分,其中游离瓦斯占 10%~20%,吸附瓦斯占 80%~90%。

(2)影响煤层瓦斯含量的主要因素。

煤层瓦斯含量的大小取决于两个方面的因素,一是在成煤过程中伴生的气体量和煤的含瓦斯能力,二是煤系地层保存瓦斯的条件。

①煤的变质程度。煤的变质程度决定了成煤过程中伴生的气体量和煤的含瓦斯能力。煤中的水分不仅占据了孔隙空间,也占据了煤的孔隙表面,降低了煤的含瓦斯能力。

②煤层露头。煤层有无露头对煤层瓦斯含量有很大影响,煤层如果有或曾经有过露头长时间与大气相通,瓦斯含量就不会很大。反之,如果煤层没有通达地面的露头,瓦斯难以逃逸,它的含量就较大。

③煤层埋藏深度。煤层埋藏深度加大,保存瓦斯的条件就会变好,煤层吸附瓦斯的能力就会加大,瓦斯放散就越困难。在瓦斯带内,煤层的瓦斯含量和瓦斯压力随埋藏深度的增加而增加,瓦斯压力梯度就是指煤层埋藏深度每增加 $1m$ 煤层内瓦斯压力的增加值。

④围岩性质。煤层围岩性质对煤层瓦斯含量影响很大。煤层被不透气的岩层包围,煤层的瓦斯放散不出去,瓦斯含量就高;反之,瓦斯含量就低。

⑤地质构造及其条件。闭合的和倾伏的背斜或穹隆,通常是储瓦斯构造,在其轴部区域形成瓦斯包,即所谓气顶。构造形成的煤层局部变厚的大型煤包,往往也是瓦斯包。断层对煤层瓦斯含量的影响与断层性质有关,开放性断层(一般指张性、张扭性或导水的压性断层等)会导致煤层瓦斯含量降低;封闭性断层(压性、压扭性或不导水断层)会导致煤层瓦斯含量提高。

甲烷在水中的溶解度很小。但地下水活跃的矿区通常煤层的瓦斯含量小,地下水对煤层瓦斯含量的降低作用表现在三个方面:一是长期的地下水活动带走了部分溶解的瓦斯;二是地下水渗透的通道,同样可以成为瓦斯渗透的通道;三是地下水带走了溶解的矿物,使围岩及煤层卸压,透气性增大,造成了瓦斯的流失。

## 5.1.2　矿井瓦斯涌出

在完整的煤体内,游离瓦斯和吸附瓦斯处于一种动平衡状态,煤层的瓦斯含量可以看作稳定不变。在煤层中或煤层附近进行采掘工作时,煤岩的完整性便受到破坏,地压的分布就发生了变化,使一部分煤岩的透气性增加。在瓦斯压力作用下,游离瓦斯由煤层的暴露面渗透流出,涌向采掘空间。破坏了原有的瓦斯动平衡状态;一方面,随着采掘工作的开展,煤体和围岩受采掘工作影响的范围不断扩大,瓦斯动平衡破坏的区域范围也在不断扩展;另一方面,一部分吸附瓦斯将转化为游离瓦斯而涌出。所以瓦斯能以长时间地、均匀地从煤体中释放出来。这类瓦斯涌出又称为瓦斯的普遍涌出,它是瓦斯涌出的基本形式。但在某些特定的条件下,煤矿内还会出现其他特殊形式的瓦斯涌出。

1. 瓦斯涌出形式

在煤层开采过程中,根据瓦斯涌出的特点、在时间和空间上的变化,一般认为瓦斯涌出有三种形式。

(1)普通涌出。

瓦斯从煤(岩)层以及采落的煤、矸石表面细微的裂缝和孔隙中缓慢、均匀地涌出称为普通涌出。首先是处于游离状态的瓦斯涌出,而后是吸附状态的瓦斯解吸为游离状态的瓦斯涌出。它是瓦斯涌出的主要形式,特点是涌出范围广、速度缓慢而均匀,时间长、(累计)总量大。对于普通涌出的基本防治措施是采用通风的方法稀释风流中瓦斯浓度或采用瓦斯抽放的方法减少瓦斯向采掘空间涌出。

(2)瓦斯喷出。

瓦斯喷出是从煤体或岩体裂隙、孔洞、钻孔或炮眼中大量涌出瓦斯($CO_2$)的异常涌出现象。

(3)煤(岩)与瓦斯($CO_2$)突出。

煤(岩)与瓦斯($CO_2$)突出是指在地应力和瓦斯($CO_2$)的共同作用下,破碎的煤、岩和瓦斯($CO_2$)由煤体、岩体内突然向采掘空间抛出的异常的动力现象。

上述瓦斯喷出、煤(岩)与瓦斯($CO_2$)突出相对于普通涌出而言,都属于瓦斯的特殊涌出,其共同点:涌出量大、时间短、放散速度快,且具有机械破坏作用。

2. 矿井瓦斯涌出量

(1)矿井瓦斯涌出量的概念与计算。

瓦斯涌出量是指在矿井建设和生产过程中从煤与岩石内涌出的瓦斯量总和。表示矿井瓦斯涌出量的方法有两种。煤的变质程度越高,其产生的瓦斯量就越大。因此,在其他条件相同的情况下,变质程度高的煤层,瓦斯含量就大。煤的变质程度增高的顺序是:褐煤→烟煤→无烟煤。

此外,煤层中的灰分和杂质也降低了煤层吸附瓦斯的能力。

①绝对瓦斯涌出量[①]。

绝对瓦斯涌出量是指单位时间内涌入采掘空间的瓦斯量,用 $m^3/min$ 或 $m^3/d$ 表示。可用下式进行计算:

$$Q_{CH_4} = QC \tag{5-1}$$

或

$$Q'_{CH_4} = 1440QC \tag{5-2}$$

式中　$Q_{CH_4}$——矿井(或采区)绝对瓦斯涌出量,$m^3/min$;

$Q'_{CH_4}$——矿井(或采区)绝对瓦斯涌出量,$m^3/d$;

$Q$——矿井(或采区)总回风量,$m^3/min$;

1440——1 昼夜的分钟数,$24 \times 60 = 1440$;

$C$——矿井(或采区)总回风流中的瓦斯浓度,%。

②相对瓦斯涌出量。

矿井正常生产条件下,月平均日产 1t 煤所涌出的瓦斯数量,用 $m^3/t$ 表示。它与绝对瓦斯涌出量的关系为:

$$q_{CH_4} = \frac{1440Q_{CH_4}N}{A} \tag{5-3}$$

式中　$q_{CH_4}$——矿井(或采区)相对瓦斯涌出量,$m^3/t$;

$Q_{CH_4}$——矿井(或采区)绝对瓦斯涌出量,$m^3/min$;

$A$——矿井(或采区)月产煤量,t;

$N$——矿井(或采区)的月工作天数(30 天)。

注意,对于抽放瓦斯的矿井,在计算瓦斯涌出量时,应包括抽放的瓦斯量。

(2)影响矿井瓦斯涌出量的主要因素。

影响矿井瓦斯涌出量的主要因素见表 5-3。

---

①　何延山. 矿井通风与安全. 湘潭:湘潭大学出版社,2009.

表 5-3　影响瓦斯涌出量的主要因素

| 影响因素 | | 影响程度 |
|---|---|---|
| 自然因素 | 煤层和围岩的瓦斯含量 | 它是决定瓦斯涌出量多少的最重要因素。一般来说,瓦斯含量越多,瓦斯涌出量就越大 |
| | 地面大气压变化 | 地面大气压降低时引起矿井瓦斯涌出量的增加 |
| | 地质构造 | 一般来说,开放性构造裂隙有利于排放瓦斯,封闭性构造裂隙有利于瓦斯的聚集 |
| 开采技术因素 | 开采规模 | 开采规模指开采深度、开拓与开采范围和矿井产量。一般地,矿井的开采深度越深,煤、岩的瓦斯含量就越大,开拓与开采的范围越广,煤、岩的暴露面就越大,矿井的瓦斯涌出量也就越大 |
| | 开采顺序与回采方法 | 先开采的煤层(或分层)瓦斯涌出量大;后开采时,瓦斯涌出量小回采率低的采煤方法,采区瓦斯涌出量大;顶板管理采用陷落法比充填法瓦斯涌出量较大;回采工作面周期来压时,瓦斯涌出量也会大大增加 |
| | 生产工艺 | 瓦斯从煤层暴露面和采落煤炭中涌出的瓦斯量,都是随时间的增长而迅速下降。所以在同一个工作面内,落煤时的瓦斯涌出量总是大于其他工序的瓦斯涌出量 |
| | 风量变化 | 矿井风量变化时,瓦斯涌出量和风流中的瓦斯浓度会发生扰动,但很快就会转变为另一种稳定状态。采取风量调节时、反风时、综采工作面放顶煤时,必须密切注意风流中瓦斯的浓度。在调节风量时,注意回风流中的瓦斯浓度不超过《规程》的规定 |
| | 采空区的密闭质量 | 采空区是聚集瓦斯的场所,如果封闭的密闭墙质量不好,或进、回风侧的通风压差较大,就会造成采空区大量漏风,使矿井的瓦斯涌出量增大 |

3. 矿井瓦斯涌出来源分析与分源治理

(1)矿井瓦斯涌出来源分析。

掌握矿井瓦斯涌出的来源与数量之间的比例关系,是实行瓦斯分源治理的前提条件。按照瓦斯涌出地点和分布状况,瓦斯涌出来源有三种划分方式：

①掘进区，即煤巷掘进时从煤壁和落煤中涌出的瓦斯。

②采煤区，即工作面煤壁、巷壁和落煤中涌出的瓦斯。

③已采区，即已采区的顶底板和浮煤中涌出的瓦斯。

矿井瓦斯涌出总量由上述三部分瓦斯构成，它们在总量中所占比例大小随着生产条件的改变而改变。其测定方法是在矿井、各回采区和各挖进区的进、回风流中，测定瓦斯的浓度和通过的风量，计算其绝对瓦斯涌出量，然后以全矿井的绝对瓦斯涌出量为基数，分别计算出各自涌出量所占的百分比。通过对瓦斯涌出来源及构成比例关系的分析，可以找出主要瓦斯涌出源并采取相应措施进行重点控制与管理，尽量减少其涌出量。

（2）矿井瓦斯涌出的分源治理。

如果瓦斯涌出主要来自掘进区，应该采取合理安排采掘比和开拓区的布置、预抽或边掘边抽瓦斯等措施；如果瓦斯涌出主要来自采区（采煤区），就应采取合理布置采区、减少煤的破碎程度、预抽瓦斯或边抽边采等措施；如果瓦斯涌出主要来自已采区，应当采取提高采出率、少留煤柱、采空区充填或封闭及抽放瓦斯等措施。

### 4. 矿井瓦斯等级鉴定

（1）矿井瓦斯等级划分。

矿井瓦斯等级是矿井瓦斯量大小和安全程度的基本标志。《煤矿安全规程》（2006 年版）第一百三十三条规定：一个矿井中只要有一个煤（岩）层发现瓦斯，该矿井即为瓦斯矿井。瓦斯矿井必须依照矿井瓦斯等级进行管理。

矿井瓦斯等级，根据矿井相对瓦斯涌出量、矿井绝对瓦斯涌出量和瓦斯涌出形式分为以下几种。

①低瓦斯矿井。矿井相对瓦斯涌出量 $\leqslant 10m^3/t$，且矿井绝对瓦斯涌出量 $\leqslant 40m^3/min$。

低瓦斯矿井的高瓦斯区：在低瓦斯矿井中，相对瓦斯涌出量 $> 10m^3/t$ 或有瓦斯（$CO_2$）喷出危险的区域（采区）定为高瓦斯（$CO_2$）区。

②高瓦斯矿井。矿井相对瓦斯涌出量 $> 10m^3/t$ 或矿井绝对瓦斯涌出量 $> 40m^3/min$。

③煤（岩）与瓦斯（$CO_2$）突出矿井。矿井发生过煤（岩）与瓦斯（$CO_2$）突出现象。此项鉴定按《煤与瓦斯突出矿井鉴定规范》（AQ1024—2006）执行。

各矿井每年必须组织进行瓦斯等级和二氧化碳涌出量的鉴定工作，报省(自治区、直辖市)负责煤炭行业管理的部门审批,并报省级煤矿安全监察机构备案。上报时应包括开采煤层最短发火期和自燃倾向性、煤尘爆炸性的鉴定结果。

(2)矿井瓦斯等级鉴定。

矿井瓦斯等级鉴定的一般要求[①]

①矿井瓦斯等级鉴定以自然井为单位。

②生产矿井和正在建设的矿井应当每年进行矿井瓦斯等级鉴定。确因矿井长期停产等特殊原因没能进行等级鉴定的矿井,应经省(自治区、直辖市)级负责煤炭行业管理的部门批准后,按上年度瓦斯等级确定。

③设计矿井前,设计单位根据地质勘探部门提供的煤层瓦斯含量等资料预测的瓦斯涌出量和邻近生产矿井的瓦斯涌出量资料,预测矿井瓦斯等级,作为计算风量和设计的依据。矿井瓦斯涌出量预测方法按 AQ1018 执行。正在建设的矿井和生产矿井应根据实际测定的瓦斯涌出量和瓦斯涌出形式鉴定矿井瓦斯等级,同时还必须进行矿井 $CO_2$ 涌出量的测定工作,作为核定和调整风量的依据。

④由煤炭企业组织鉴定或委托有资质的中介机构进行鉴定。鉴定数据必须准确可靠,如实反映情况,鉴定单位对鉴定结果负责。

⑤每年的矿井瓦斯等级鉴定工作结束后 1 月内,将鉴定结果报省(自治区、直辖市)级负责煤炭行业管理的部门审批,并报省级煤矿安全监察机构备案。

凡瓦斯矿井,每年都必须进行一次矿井瓦斯等级鉴定工作。矿井瓦斯等级鉴定工作一般包括下列内容:

①鉴定时间和基本条件。矿井瓦斯等级的鉴定工作应在正常生产的条件下进行。一般在 7 月或 8 月。在鉴定月的上、中、下旬中各取一天(间隔 10 天),每个鉴定日分 3 班(或 4 班)进行测定工作。所谓正常生产,即被鉴定的矿井、煤层、一翼、水平或采区的回采产量应达到该地区设计产量的 60%。

②测点选择和测定内容及要求。选点的原则是所选点能反映全矿井、各水平、各煤层、各采区(工作面)等区域的回风量和瓦斯涌出情况。所以测点应布置在每一通风系统的主要通风机的风硐、各水平、各煤层和各采区的回风道测风站内。如无测风站,可选在断面规整、无杂物、距岔风口 15～30m 以外的一段平直巷道(其长 10m)内作测点。另外,如果进风流中含有瓦斯时,还应在进风巷设测点。

---

① 谢中朋. 矿井通风与安全. 北京:化学工业出版社,2011.

测定内容包括:风量、风流瓦斯浓度、风流二氧化碳浓度、温度、压力及断面尺寸。每一测点、每一参数、每个班要测 2~3 次,若前后相差悬殊,应再测 1~2 次,然后取相近的 3 次平均值作为本班测定结果。对于抽放瓦斯的矿井,在进行矿井瓦斯等级鉴定时,需包括抽出的瓦斯量,因此,还应测定在鉴定月内、在相应地区的抽出瓦斯量。

③资料整理。将整理后的实测记录表中的原始数据以及月产量、工作天数等汇总于标准格式的瓦斯鉴定基础表中。

④瓦斯等级鉴定。鉴定矿井瓦斯等级的指标为矿井相对瓦斯涌出量、矿井绝对瓦斯涌出量和瓦斯涌出形式,按矿井瓦斯等级划分的标准进行确定。

在低瓦斯矿井中,相对瓦斯涌出量>10m³/t 或有瓦斯(或 $CO_2$)喷出危险的区域(采区)定为高瓦斯(或 $CO_2$)区。

煤(岩)与瓦斯($CO_2$)突出矿井的鉴定按 AQ1024 执行。

每年也应对正在建设的矿井进行矿井瓦斯等级的鉴定工作。在没有采区投产的情况下,当单条掘进巷道的绝对瓦斯涌出量>3m³/min 时,矿井应定为高瓦斯矿井;在有采区投产的情况下,当采区相对瓦斯涌出量>10m³/t 时,矿井也应定为高瓦斯矿井;在采掘中发生过煤(岩)与瓦斯($CO_2$)突出的矿井应定为煤(岩)与瓦斯($CO_2$)突出矿井。如果鉴定结果与矿井设计不符时,应提出修改矿井瓦斯等级的专门报告,报原设计单位同意。

### 5.1.3  瓦斯爆炸及其预防

1. 瓦斯爆炸的概念

瓦斯是一种能够燃烧和爆炸的气体,瓦斯爆炸就是空气中的氧气($O_2$)与瓦斯($CH_4$)进行剧烈氧化反应的结果。具体反应式为:

$$CH_4 + O_2 \Longrightarrow CO_2 + 2H_2O + 882.6kJ/mol \tag{5-4}$$

从式(5-4)中可以看出,瓦斯在高温火源作用下与氧气发生化学反应,生成的二氧化碳和水蒸气迅速膨胀,形成高温、高压,并以极高的速度向外冲出而产生动力的现象,就是瓦斯爆炸。

2. 瓦斯爆炸的条件

瓦斯爆炸必须同时具备下面三个基本条件。

(1)一定的瓦斯浓度。

①瓦斯只有在一定含量范围内才有爆炸性(见图 5-2),这个范围称为

瓦斯爆炸的界限。最低爆炸浓度称为爆炸下限,最高爆炸浓度称为爆炸上限。在新鲜空气中,瓦斯爆炸的界限一般为 5%～16%。

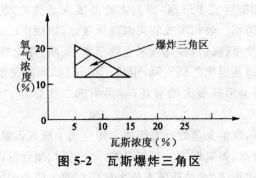

图 5-2　瓦斯爆炸三角区

②当瓦斯浓度低于 5% 时,由于参加化学反应的瓦斯较少,不能形成热量积聚,因此,无爆炸性。遇火后只能在火焰周围形成比较稳定的、呈现蓝色或淡青色的燃烧层;当瓦斯浓度高于 16% 时,由于空气中的氧气不足,满足不了氧化反应的全部需要,只能有部分瓦斯与氧气发生化学反应,所生成的热量被多余的瓦斯和周围介质吸收而降温,所以不会导致爆炸发生。

(2)一定的引火温度。

引火温度是指点燃瓦斯所需的最低温度。一般认为,瓦斯在正常空气中的引火温度一般为 650℃～750℃。明火、煤炭自燃、电气火花、赤热的金属表面、吸烟、放炮、安全灯网罩、架线火花甚至撞击和摩擦产生的火花等都足以引燃瓦斯。因此,消灭井下一切火源是防止瓦斯爆炸的重要措施之一。

(3)充足的氧气含量。

瓦斯爆炸的实质是瓦斯的急剧氧化。因此没有足够的氧气就不会发生瓦斯爆炸。实验表明,瓦斯爆炸界限随着混合气体中氧气浓度的降低而缩小,氧气浓度降低时,瓦斯爆炸下限缓缓地提高,而瓦斯爆炸的上限则迅速下降,当氧气浓度低于 12% 时,混合气体中的瓦斯就失去了爆炸性,遇火也不会爆炸。

但是,井下的巷道、硐室以及工作面不可能没有氧气,因为氧气含量低于 12% 时,短时间内就能导致人窒息死亡,所以在正常生产的矿井中,采用降低空气中的氧气含量来防止瓦斯爆炸是没有实际意义的。但是,对于已封闭的火区,采取降低氧气含量的措施,却有着十分重要的意义,因为火区往往积存有大量瓦斯,且有火源存在,如果不按规定封闭火区或火区封闭不严造成大量漏风,一旦氧气浓度达到 12% 以上时,就有发生爆炸的可能。

3. 瓦斯爆炸危害

瓦斯爆炸时能产生大量的热,形成火焰,温度可达 1850℃～2650℃的高温。如此高温的气体必然引起体积突然膨胀,在空间一定时,必然形成气体压力升高,冲击波峰面压力有几个大气压到 20atm,反射和叠加时可达 100atm。其传播速度大于声速,所到之处造成人员伤亡、机械设备和通风设施损坏、巷道垮塌。爆炸形成的高温高压气体,以极快的速度从爆源附近往外传播,其速度可高达每秒几百米至数千米,瓦斯、煤尘爆炸后,在爆源附近,由于空气稀薄及温度急剧下降,形成了低压区,因而又形成了反向冲击波,对井巷、设备会形成更大的破坏,容易引起二次爆炸,对人员构成更大伤害。

瓦斯爆炸后,产生大量的有害气体。使空气中氧气含量减少,而一氧化碳含量却大量增加,如果煤尘也参与爆炸,则一氧化碳含量将更大。实践证明,大量的一氧化碳产生,是造成人员大量伤亡的主要原因。

综上所述,瓦斯爆炸将产生高温、高压、冲击波及大量的有害气体,对煤矿安全生产会造成极大的危害。

### 4. 预防瓦斯爆炸的措施

煤矿瓦斯爆炸是最严重的灾害。根据瓦斯爆炸条件,有针对性地采取措施予以防治是煤矿瓦斯日常管理的主要任务。预防瓦斯爆炸的措施主要有:

(1)防止瓦斯积聚。

瓦斯积聚是指瓦斯含量超过 2%,其体积超过 $0.5m^3$ 的现象。防止瓦斯积聚的方法如下。

①加强通风。有效地通风是防止瓦斯积聚的最基本最有效方法。瓦斯矿井必须做到风流稳定,有足够的风量和风速,避免循环风,局部通风机风筒末端要靠近工作面,放炮时间内也不能中断通风,向瓦斯积聚地点加大风量和提高风速,符合《煤矿安全规程》的要求。

②及时处理局部积存的瓦斯。及时处理局部积聚的瓦斯,是矿井日常瓦斯管理的重要内容,也是预防瓦斯爆炸事故,搞好安全生产的关键工作。生产中容易积存瓦斯的地点有:回采工作面上隅角、独头掘进工作面巷道隅角、顶板冒落空洞、低风速巷道的顶板附近、停风的盲巷、综采工作面放煤口及采煤机机械切割部分周围等。

采煤工作面上隅角瓦斯积聚处理:

a. 风障引导风流法。迫使一部分风流流经工作面上隅角,将该处积存的瓦斯冲淡排出。此法适用于工作面瓦斯涌出量小于 $2\sim3m^3/min$,上隅角瓦斯浓度超限不大时。具体做法是在工作面上隅角附近设置木板墙或帆布风障,如图 5-3 所示。

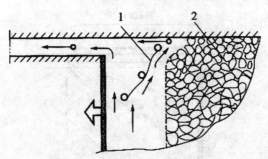

**图 5-3　利用风障排放积聚瓦斯**

1—风障;2—采空区

　　b. 风筒导排法。其处理积聚瓦斯的原理和布置方法都是相同的,如图 5-4 所示。风筒进风口设在上隅角瓦斯积聚地点后,工作面中一部分风流流经上隅角进入风筒口时即把积聚的瓦斯稀释、带走。这种方法的优点是处理能力大,适应范围广。其缺点是需要安设设备,并占据了一定采掘空间,影响作业环境和条件。

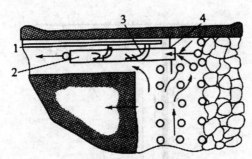

**图 5-4　利用引射器排出上隅角瓦斯**

1—高压水管;2—风筒;3—喷嘴;4—风障

　　c. 尾巷排放法,如图 5-5 所示。这种方法是以尾巷与工作面采空区的压力差为动力,使工作面一部分风流流经上隅角、采空区、联络眼到尾巷,以达到冲淡、排出上隅角瓦斯的目的。如果尾巷排放瓦斯效果不显著,可在工作面的回风道设调节风门,以增大采空区与尾巷之间的压差,提高排放效果。

　　d. 调整通风方式法。根据煤层赋存条件、瓦斯涌出来源,可调整或选择不同的通风方式,以稀释工作面上隅角的瓦斯,达到防止瓦斯积聚的目的。如采用 Y 形、W 形、双 Z 形通风系统。Y 形通风系统如图 5-6 所示。工作面的部分风流漏入采空区内,该风流流经上隅角并稀释、排除上隅角的瓦斯后,流入在采空区中维护的回风巷。

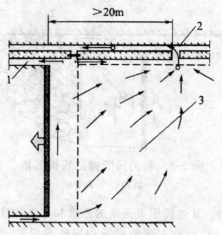

**图 5-5 利用尾巷排放积聚瓦斯**

1—回风巷;2—尾巷;3—采空区

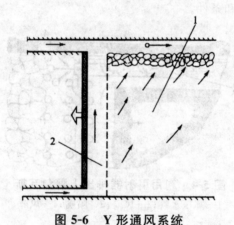

**图 5-6 Y形通风系统**

1—采空区;2—工作面

e. 均压调节稀释法。其实质是利用局部通风机和隔离风门,向工作面上隅角输送新鲜空气,稀释、排放瓦斯;同时平衡工作面与采空区的压差,抑制采空区的瓦斯向工作面涌出,如图 5-7 所示。

当工作面绝对瓦斯涌出量超过 $5\sim6m^3/min$,单独采用上述方法,难以收到预期效果,这时必须进行邻近层或开采煤层的瓦斯抽放,以降低整个工作面的瓦斯涌出。

③综采工作面瓦斯积聚处理。扩大风巷断面与控顶宽度,改变工作面的通风系统,增大工作面的进风量;防止采煤机附近的瓦斯聚集,增加工作

面风速或采煤机附近风速。

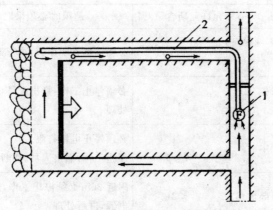

**图 5-7　利用局部通风机处理上隅角瓦斯**
1—局部通风机；2—风筒

④顶板附近层瓦斯积聚处理。如果瓦斯涌出量较大，风速较低（小于 0.5m/s），在巷道顶板附近就容易形成瓦斯层状积聚。预防和处理瓦斯积聚的主要方法有：加大巷道平均风速，且平均风速不得低于 0.5～1m/s；在顶板附近安设导风板、风筒、压气管、引射器等加大顶板附近风速；如果集中瓦斯源的涌出量不大时，可采用木板和黏土将其填实隔绝，或注入砂浆等凝固材料，堵塞较大的裂隙，最终将瓦斯源封闭隔绝。

⑤顶板冒落孔洞内瓦斯积聚处理。防止顶板冒落孔洞内瓦斯积聚的常用方法有：用木板勾顶并用砂土将冒落空间填实；用导风板或风筒接岔（俗称风袖）引入风流吹散瓦斯；如顶板有集中的瓦斯来源，可向顶板打钻抽放瓦斯。

⑥经常检查瓦斯含量和通风状况。经常检查瓦斯含量和通风状况是及时发现和处理瓦斯积聚的前提，瓦斯燃烧和爆炸事故统计资料表明，大多数这类事故都是由于瓦斯检查员不负责，玩忽职守，没有认真执行有关瓦斯检查制度而造成的。

《煤矿安全规程》规定，每一矿井必须建立瓦斯检查制度。有煤（岩）与瓦斯（二氧化碳）突出的采掘工作面，瓦斯或二氧化碳涌出量较大，变化异常的个别采掘工作面，都必须有专人检查瓦斯，并安设瓦斯自动检测报警断电装置。关于具体的检查地点，允许的瓦斯含量和超限时应采取的措施，都有明确的规定，必须严格执行。详见表 5-4。

表 5-4　井下各处瓦斯的允许含量及超限时应采取的措施

| 地　　点 | 允许瓦斯含量/% | 超限时必须采取的措施 |
|---|---|---|
| 矿井总回风巷或一翼回风巷风流中 | ≤0.75 | 必须立即查明原因,进行处理 |
| 采区回风巷,采掘工作面回风巷风流中 | ≤1 | 必须停止工作,撤出人员,采取措施,进行处理 |
| 采掘工作面风流中 | <1<br><1.5 | 必须停止电钻打眼<br>停止工作,撤出人员,切断电源,进行处理 |
| 采掘工作面内局部地点 | <2 | 附近 20m 必须停止工作,撤出人员,切断电源,进行处理 |
| 放炮地点附近 20m 以内风流中 | <1 | 严禁放炮 |
| 电动机或其开关地点附近 20m 以内风流中 | <1.5 | 必须停止工作,撤出人员,切断电源,进行处理 |

(2)防止瓦斯引燃。

防止瓦斯引燃的原则就是想方设法杜绝一切火源,主要措施如下:

①严禁携带烟草及点火物品下井,井下禁止吸烟、使用电炉和任意打开矿灯灯罩;井口房和通风机房附近 20m 以内严禁使用灯泡取暖和使用电炉;井下需要进行电焊、气焊和喷灯焊接等工作,必须符合有关规定;井下严禁使用明火放炮;对于井下存在火区的矿井,应严格管理火区等。

②井下使用的机械和电器设备都必须符合要求,各种电器设备的防爆性能要处于完好状态并经常检查与维护;电缆接头都必须用接线盒;对于局部通风机和掘进工作面的电器设备,必须装有延时的风电闭锁装置。

③井下爆破必须使用煤矿许用炸药和煤矿许用电雷管。放炮要严格执行"一炮三检"制度,即装药前、放炮前和放炮后检查瓦斯,只有当放炮地点附近 20m 以内的风流中瓦斯含量不超过 1% 时,才准放炮。使用煤矿许用毫秒延期电雷管时,一次起爆总延期时间不得超过 130ms。

④防止产生摩擦火花、撞击、静电火花。

5. 防止瓦斯爆炸灾害事故扩大的措施

如果井下某地点万一发生爆炸,应使灾害波及范围局限在尽可能小的区域内,以减少损失。为此主要采取以下措施:

①编制周密的预防和处理瓦斯爆炸事故计划,并对有关人员进行贯彻和落实。

②矿井要实行分区通风,采掘工作面都应采用独立通风。通风系统力求简单、稳定、合理。

③装有主要通风机的出风井口,应安装防爆门或防爆井盖,防止爆炸冲击波冲毁风机,影响救灾和恢复通风。

④开采有煤尘、瓦斯爆炸危险的矿井,在矿井的两翼、相邻的采区、相邻的煤层和相邻的工作面,都必须用岩粉棚或水棚隔开。在所有运输巷道和回风巷道中必须撒布岩粉,并定期冲洗或者粉刷巷道。

⑤生产矿井主要通风机必须装有反风设施,必须能在 10min 内改变巷道中的风流方向。反风后,主要通风机的供风量应不小于正常供风量的 40%。

## 5.1.4　煤与瓦斯的突出及预防

1. 煤与瓦斯突出的概念及其危害

(1)煤与瓦斯突出的概念。

在煤矿井下,由于地应力和瓦斯压力(二氧化碳)的共同作用,在极短的时间内,破碎的煤和瓦斯由煤体或岩体内突然向采掘空间抛出的异常动力现象,称为煤与瓦斯突出。

(2)煤与瓦斯突出的危害。

当发生煤与瓦斯突出时,大量的煤与瓦斯将从煤层内部以极快的速度向巷道或采掘空间喷出,采掘工作面的煤壁将遭到破坏,充塞巷道,煤层中会形成孔洞,同时由于伴随有强大的冲击力,巷道设施会被摧毁,通风系统会被破坏,甚至发生风流逆转,还可能造成人员窒息和发生瓦斯爆炸,及煤流埋人事故。

2. 煤与瓦斯突出强度的一般规律

①突出强度随深度的加大而增大,开始发生突出的最浅深度称为始突深度,一般比瓦斯风化带的深度大一倍以上。随着深度的增加,突出的危险性增高,具体表现在突出的次数增多、突出强度增大、突出煤层数增加、突出危险区域扩大。

②突出与地质构造有关,由于地壳运动,使地下发生形变或断裂,当地壳运动使岩石积累的地方应力不足以破坏岩石时,岩石只产生褶皱变形,在

岩石中就积累了一部分弹性潜能。突出一般发生在断层、褶曲附近,突出次数和强度随着煤层厚度尤其是软分层厚度增大、煤层倾角的变化、火成岩侵入而增大。"无构造"的突出强度一般较小。

③突出强度与煤层瓦斯含量、压力有关,突出都发生在高瓦斯矿井,同一煤层,瓦斯压力越高,突出危险性就越大,但无严格的线性关系。

④突出强度与巷道类型有关,发生在石门的突出强度最大,平巷、下山、上山(为上山掘进)和回采面突出强度较小;在上山、下山和平巷中,平巷发生的突出强度稍大,上山最小。

⑤突出强度与采掘方式有关,震动爆破和落煤可引起应力分布的变化而引发突出。

⑥突出强度与瓦斯征兆的关系,绝大多数突出都有预兆,表现为有喷孔、顶钻、夹钻、钻粉量增大、钻机过负荷、煤壁外鼓、来压、煤壁颤动、钻孔变形、煤厚变化大、倾角变陡、煤强度松软、喷瓦斯、喷煤和片帮掉碴等。

3. 防治突出措施

防治突出措施是防突综合措施的第二个环节,也是防止发生突出事故的第一防线。防治突出措施仅在预测有突出危险的区域和区段应用,是国内外防突工作的重点。防治突出措施分为区域性防治突出措施和局部防突措施。

(1)区域性防治突出措施[1]。

区域性防治突出措施主要有开采保护层和预抽煤层瓦斯。

在突出矿井开采煤层群时必须首先开采保护层。开采保护层后,在被保护层中受到保护的地区按无突出煤层进行采掘工作;在未受到保护的地区,必须采取防治突出措施。

保护层的选择,首先选择无突出危险的煤层作为保护层[2];当煤层群中有几个煤层都可作为保护层时,应根据安全、技术和经济的合理性,综合比较分析,择优选定;当矿井中所有煤层都有突出危险时,应选择突出危险程度较小的煤层作为保护层,但在此煤层中进行采掘工作时,必须采取防治突出措施;当突出危险煤层的上、下均有保护层时,应优先选择上保护层,条件不允许时,也可选择下保护层,但在开采下保护层时,不得破坏被保护层的开采条件。保护层的有效保护范围,应根据邻近矿井的经验确定;若无邻近矿井参考时,可按《防治煤与瓦斯突出细则》设计。

---

① 胡卫民,高新春,鹿广利. 矿井通风与安全. 徐州:中国矿业大学出版社,2008.
② 谢中朋. 矿井通风与安全. 北京:化学工业出版社,2011.

（2）局部防突措施。

目前中国煤矿生产中常用的几种局部性措施简述如下。

①超前钻孔。超前钻孔就是在煤巷采掘工作面前方打一定数量直径为120～150mm 的钻孔，排放瓦斯、增加煤的强度，以便在钻孔周围形成卸压区，使集中应力区向煤体深部移动，以防止突出的产生。

掘进工作面一般布置 3～5 个钻孔，孔深 15～20m，钻孔布置在软分层中较好，应超过工作面前方集中应力区。掘进时钻孔至少保持 5m 的超前距离，如图 5-8 所示。钻孔数目与孔深要根据排放瓦斯半径而定。而钻孔的排放瓦斯半径又与煤层的裂隙多少、透气性大小和孔径有关。一般在软煤层中排放半径为 1～1.5m，硬煤中排放半径为 0.8m 左右。钻孔直径一般不小于 120mm，当孔径为 120～150mm 时，钻孔数不应少于 4 个。

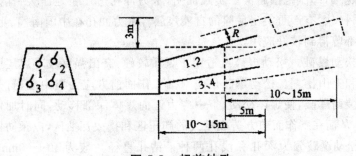

**图 5-8　超前钻孔**

1～4—钻孔序号；R—钻孔排放半径

超前钻孔多用于煤层较厚、煤质较软、赋存稳定、透气性较好的情况下。但打钻时易出现夹钻、垮孔，甚至孔内突出等现象。

②水力冲孔。水力冲孔是在安全岩（煤）柱的防护下，在采掘工作之前，向煤层打钻孔，后用高压水射流在工作面前方煤体内冲出一定的孔道，加速瓦斯排放。同时，由于孔道周围煤体的移动变形，应力重新分布，扩大卸压范围。此外，在高压水射流的冲击作用下，冲孔过程中能诱发小型突出，使煤岩中蕴藏的潜在能量逐渐释放，避免大型突出的发生。水力冲孔可作为石门揭煤、煤巷掘进和回采工作面时的预防突出措施，亦属于矿井局部性防止煤与瓦斯突出措施之一。在煤质松软、突出危险性大的区域，其效果较好。

煤巷水力冲孔如图 5-9 所示，套管深度不小于 5m，一般布置 3 个孔，冲孔深度 20m。超前距不小于 5m，冲孔孔底间距不大于 10m，冲孔冲出煤量不得少于 0.5t/m。

冲孔水压为 3～5MPa，冲孔水量 15～20m³/h，射流泵耗水量 25m³/h。

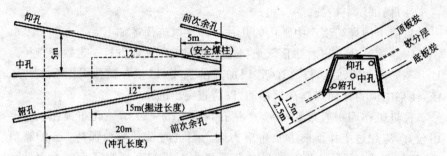

**图 5-9　煤巷水力冲孔布置**

冲孔数决定于突出煤层的危险程度和石门面积,一般为每平方米断面 1~1.3 个孔。每一冲孔的喷煤量和有效卸压排瓦斯范围是不相同的,冲孔的喷煤量越大,卸压范围越大。实践证明,水力冲孔适用于地压大、瓦斯压力大、煤质松软、有严重突出危险的自喷煤层。水力冲孔在中国南桐、北票、焦作等地都曾得到较好应用。

③松动爆破。松动爆破可适用于煤质较硬、突出强度较小煤层中的平巷挖掘和上山挖掘。松动爆破是向采掘工作面前方应力集中区,打几个钻孔进行装药爆破,使煤体松动,集中应力区向煤体深部移动,同时加快瓦斯的排出,从而在工作面前方造成较大的卸压区和排放瓦斯区,以预防突出的发生。松动爆破分为深孔和浅孔两种。钻孔直径一般为 40~60mm,深度 8~15m(煤层厚时取大值)。每孔装药 3~6kg,封孔炮泥不少于 2m,孔底超前掘进工作面不小于 5m。爆破后在钻孔周围形成破碎圈和松动圈,如图 5-10 所示。破碎圈直径约 0.1~0.4m,圈内煤呈碎屑状,已失去承载地压能力,是排放瓦斯的通道。松动圈的直径,硬煤为 1.6m 左右,松动圈内,煤呈半破碎状,成为瓦斯排放通道,对防止煤与瓦斯突出事故的发生十分有用。

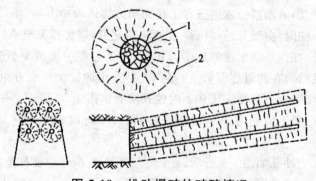

**图 5-10　松动爆破的破碎情况**
1—破碎圈(半径 0.05~0.2m);2—松动圈(半径约 0.8m)

采用松动爆破有两个问题需要注意：第一，作业时，应保证按设计要求进行松动爆破和留有足够的超前距离；第二，当炮眼发生喷瓦斯与煤粉时，应排放瓦斯一个小时以后，再进行装药放炮在松动的煤体内进行钻眼爆破。

④震动放炮。震动放炮是一种人为诱发突出的措施，是目前从石门揭煤或在有突出危险煤层中掘进巷道时采用的基本手段。具体做法是：在掘进工作面打较多炮眼，多装炸药，然后撤除人员和有关设备，在安全地点甚至地面远距离起爆，利用爆破时强大的震动力猛然一次揭开具有突出危险性的煤层。这种方法简单、可靠、安全。

⑤专用支架。专用支架是预防突出的一种辅助措施，它不能直接降低煤体内部的应力和瓦斯压力，但可增加煤体的稳定性和支架的承载能力，在一定条件下可抑制突出的发生和发展。该措施多用于有突出危险的急倾斜煤层或厚煤层的煤层平巷掘进。专用支架的形式有：金属骨架和超前支架。

金属骨架是用于石门工作面揭穿突出危险煤层的一种超前支护。当石门掘进工作面接近煤层时，通过岩柱在巷道顶部和两帮上侧打钻，钻孔穿过煤层全厚，进入岩层 0.5m。孔间距一般为 0.2m 左右，孔径 75～100mm。然后将长度大于孔深 0.4～0.5m 的钢管或钢轨，作为骨架插入孔内，再将骨架尾部固定，最后用震动放炮揭开煤层。金属骨架防突措施适用于煤质松软的薄和中厚煤层，尤其适用于倾角大于 45°、打钻孔时不堵钻的煤层，如图 5-11 所示。

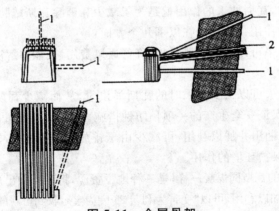

**图 5-11　金属骨架**

1—测压孔；2—金属骨架

超前支架多用于有突出危险的急倾斜煤层厚煤层的煤层平巷掘进。为防止因工作面顶部煤体松软垮落而导致突出，在工作面前方巷道顶部事先打上一排超前支架，增加煤层的稳定性，如图 5-12 所示。

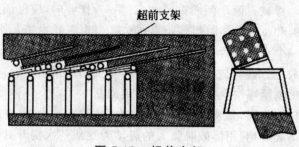

超前支架

图 5-12　超前支架

架设超前支架的方法是：先进行钻孔，孔距为 200～250mm，孔径一般为 50～70mm，仰角为 8°～10°，深度大于一架棚距；然后在孔内插入 3～6m 的钢管或钢轨，尾部用支架架牢，即可开始掘进。掘进时保持 1.0～1.5m 的超前距。巷道永久支架架设后，钢材可回收后再用。

# 5.2　矿井瓦斯利用

为了减少和解除矿井瓦斯对煤矿安全生产的威胁，利用机械设备和专用管道造成的负压将煤层中存在或释放出的瓦斯抽出，输送到地面或其他安全地点的做法，称为瓦斯抽采。

简单说来，瓦斯抽采的作用就是为了减少和消除瓦斯威胁，保证煤矿生产安全。它的作用主要表现在以下几个方面：

①瓦斯抽采可以减少通风负担，降低通风费用，还能够解决通风难以解决的难题。

②瓦斯抽采可以减少开采时的瓦斯涌出量，从而减少瓦斯隐患和各种瓦斯事故，是保证安全生产的一项预防性措施。

③将瓦斯抽出并加以利用，可减少由于排放瓦斯到大气中而形成的温室效应，起到保护环境的作用。

④煤层中的瓦斯同煤炭一样，是一种地下资源，将瓦斯抽出来送到地面作为原料和燃料加以利用，可以"变害为利"、"变废为宝"，收到可观的经济效益。

## 5.2.1　瓦斯抽放

1. 瓦斯必须抽采的条件

对于一个矿井或一个矿井的某些局部区域是否具备瓦斯的抽放条件，

主要取决于该矿井（或该区域）的煤层瓦斯含量、煤层储蓄、产能大小、通风强度以及煤层的透气性等诸多因素。《煤矿安全规程》规定：有下列情况之一的矿井，必须建立地面永久抽放瓦斯系统或井下临时抽放瓦斯系统：

①一个采煤工作面的瓦斯涌出量大于 $5m^3/min$ 或一个掘进工作面瓦斯涌出量大于 $3m^3/min$，用通风方法解决瓦斯问题不合理时。

②矿井瓦斯绝对涌出量达到以下条件的[①]：

a. $\geqslant 40m^3/min$；

b. 年产量 $1.0\sim 1.5Mt$ 的矿井，$>30m^3/min$；

c. 年产量 $0.6\sim 1.0Mt$ 的矿井，$>25m^3/min$；

d. 年产量 $0.4\sim 0.6Mt$ 的矿井，$>20m^3/min$；

e. 年产量 $\leqslant 0.4Mt$ 的矿井，$>15m^3/min$。

③开采有煤与瓦斯突出危险的煤层。

**2. 瓦斯抽放的方法**

矿井瓦斯抽放的方式和方法多种多样，按抽放瓦斯来源分为：开采层抽放、邻近煤层抽放和采空区抽放三种基本方式。

（1）开采层抽放瓦斯。

开采煤层抽放是在煤层开采之前或在采掘的同时，用钻孔或巷道对该煤层进行瓦斯抽放。煤层在回采前的抽放属于未卸压（带压）抽放；在受到采掘工作面采动影响范围的抽放，属于卸压抽放。

预抽煤层瓦斯属于未卸压（带压）抽放，它适合于透气性比较好的开采煤层的瓦斯抽放。具体做法有巷道法和钻孔法。

①巷道法抽放瓦斯。

巷道法抽放瓦斯就是在采煤前事先挖出瓦斯巷道，然后将巷道封闭，在闭墙上插入抽放瓦斯的管子，进行瓦斯抽放，一直抽到回采开始为止。采用这种抽放方法的优点是：巷道周围卸压范围大，煤层暴露面积大，抽放效果比较好。缺点是：在瓦斯含量较大的煤层掘进采区准备巷道时，瓦斯涌出量比较大，掘进困难，抽放瓦斯后巷道损毁较为严重，巷道维修的工程量亦比较大。

②钻孔法抽放瓦斯。

目前预抽本煤层瓦斯广泛采用钻孔法，其具体做法是：在煤层顶板（或底板）岩层中开一条与煤层走向相平行的巷道，如图 5-13 所示。

---

① 谢中朋 . 矿井通风与安全 . 北京：化学工业出版社，2011.

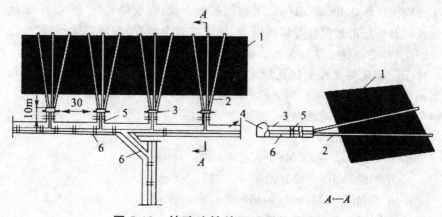

**图 5-13  钻孔法抽放开采煤层的瓦斯**

1—煤层；2—钻孔；3—钻场；4—运输大巷；
5—密闭墙；6—抽放瓦斯巷道

这种方法适用于煤层瓦斯含量较大,通气性较好和有一定倾斜角度的中、厚煤层;对于透气性较低的煤层,可能达不到预抽效果。

(2)邻近层抽放法。

邻近层抽放是指在开采煤层群时,开采煤层的上、下邻近层因受采动的影响,形成卸压带,卸压区范围内的煤层瓦斯将会大量涌入开采层的采空区,直接影响煤矿安全生产。因此有必要在开采煤层的回采之前,对邻近的煤层进行煤层瓦斯抽放。邻近煤层抽放可分为上邻近层抽放和下邻近层抽放。

①钻场布置。

一般来说,是根据邻近煤层的具体位置、开采煤层的开采程序和相关的施工方法来确定邻近层抽放的钻场位置选择。要求能用最短的钻孔,抽出最多的瓦斯,钻场可位于开采煤层的回风巷道内或层间巷道内。图 5-14 是利用开采回风巷上邻近层打钻孔布置图。

**图 5-14  上邻近煤层抽放钻孔布置图**

钻场位于回风巷时,钻孔长度短,工作面上半段的围岩移动比下半段围岩移动好,再加上瓦斯的上浮力的作用下,抽出的瓦斯量比较多,可减少采煤工作面上隅角的瓦斯积聚。

②钻孔角度。

钻孔角度对抽放效果影响很大,钻孔角度是指钻孔的倾角(钻孔与水平线的夹角)和偏角(钻孔水平投影线和煤层走向或倾向的夹角)。抽放上邻近煤层时的仰角,应使钻孔通过顶板岩石的裂隙带进入邻近层充分卸压区。仰角太小,钻孔中段将通过冒落带,钻孔会与采空区相通,必将会抽入大量的空气,大大降低抽放效果;仰角太大,进不到充分卸压区,抽出的瓦斯浓度比较高,但流量却比较小。因此在选择钻孔角度时应根据开采层与上邻近层的层间距离、煤层倾角诸多因素综合考虑,合理选择。一般对下邻近层抽放时的钻孔角度没有严格的要求,因为钻孔中段受开采层影响而遭到破坏的可能性微乎其微。

③钻孔与钻场的间距。

钻孔与钻场之间的有效距离,随煤层赋存情况的不同而不同,有的30~40m,有的100m甚至200m以上。钻场之间的距离多为30~60m,但在开切眼附近应缩短为15~30m。一般来说,上邻近层抽放距离大一些,下邻近层抽放距离小一些,通常为层间距的1~2倍。一个钻场可布置一个或几个钻孔。另外,如果一排钻孔不能达到抽放要求,应在运输水平和回风水平同时打钻抽放,在较长的工作面内,还可由中间平巷打钻抽放。

④钻孔深度和直径。

对于单一邻近层而言,钻孔穿透邻近层即可;对于多邻近层可一孔穿一层或一孔穿几层。

钻孔直径多采用57mm和73mm,钻孔的封孔方法一般用插管法或封孔器封孔法。

⑤抽放负压。

抽放负压达到一定数值后,其抽放效果将不再提高。

(3)采空区抽放。

瓦斯抽放方法选用原则:老采空区应选用全封闭式抽放方法;现采空区可根据煤层赋存条件和巷道不知情况采用不同的抽放方法;开采容易自燃或自燃煤层的采空区,必须经常检测抽放管路中一氧化碳体积分数和气体温度等有关参数的变化。发现有自然发火征兆时,必须采取防止煤自燃的措施。

对已采的老空区,可将有关的密闭重新整修加固,以防漏风。然后在老空区上部靠近抽放系统的密闭墙外再加砌一道密闭墙,两墙之间用砂土填实,接管进行抽放。采空区抽放时要及时检查抽放负压、流量、抽放出的瓦斯浓度及其成分,抽放负压与流量应与采空区的瓦斯积聚量相匹配,只有这样才能保证抽出瓦斯气体中的甲烷浓度。如果开采的煤层存在有自燃危险性,更应该经常检查抽放的瓦斯成分,一旦大量出现一氧化碳,或有煤层自燃征兆时,应立即停止抽放,采取相应的防止煤炭自燃的措施。

## 5.2.2 瓦斯的开发利用

瓦斯的存在为煤炭开采带来了障碍,但瓦斯本身却是一种良好的能源燃料。据报告,目前在美国能源构成中,瓦斯已经达到了10%。中国虽然从20世纪50年代起就开始利用瓦斯,但目前利用率仅为瓦斯产生量的42%,瓦斯的利用潜能依然巨大。

现阶段我国瓦斯的用途主要分两大类:一是做燃料;二是做化工原料。"十一五"期间,我国将加快瓦斯开发和利用,坚持地面抽采与井下抽采相结合、自主开发与对外合作相结合、就近利用与余气外输相结合、居民利用与工业应用相结合、企业开发与国家扶持相结合,促进瓦斯产业发展。同时,要发挥示范工程的带动作用,以促进瓦斯开发和利用。

1. 瓦斯的提纯和储存[①]

如果瓦斯抽采浓度达不到30%,无法利用的话,则必须将煤层气(瓦斯)全部排空,这既浪费了能源,又污染了环境;或抽出的瓦斯浓度在80%~85%,达不到输入天然气管道的要求。以上两种情况都必须先将煤层气提纯(浓缩或稀释),以达到所要求的浓度。

煤层气的储存主要有三种形式:按日用量的一定比例建设的储气罐储存;长输气管线的储存;大储存量的地下储存。

2. 生产化工产品

瓦斯化工有两条途径:一条是甲烷化工,另一条是合成气化工。高浓度的煤层气以 $CH_4$ 为主,因此,当开采或抽放的煤层气是高浓度纯净的 $CH_4$ 气时,把它作为原料气生产一系列化工产品,可以获得较好的经济效益。

以甲醇为原料,又可生产出甲醛、乙酸、甲基氯化物、甲胺、尿素等一系列重要产品。

---

① 人力资源和社会保障部教材办公室. 矿井通风与安全. 北京:中国劳动社会保障出版社,2009.

3. 煤层气(瓦斯)民用

由于瓦斯的燃烧热值可根据需要进行调整,而且瓦斯不含煤炭干馏物质,不需庞大的净化装置进行净化处理,不腐蚀、不堵塞输气设备和管道,因此,是极好的民用燃料气。据此应始终把瓦斯民用置于首要的位置。这是因为居民燃气比燃煤热效率提高幅度大,节能效果显著(热能利用率提高 2 倍以上),对城区环境的改善最为明显,综合的社会效益、环境效益最好。

目前,我国许多煤矿区都建立了煤层气抽放和利用系统,国内阳泉、抚顺矿区的民用瓦斯燃气已具备较大规模,年利用瓦斯量都在 6000 立方米以上。其中煤层气民用最为普遍,淮南矿区煤层气总量为 5928 亿立方米,所有煤矿均为高瓦斯矿井。自 1993 年以来已打 6 口煤层气测试井,并进行了排水和采气试验。井下年煤层气抽放量为 4000 万立方米,年利用量为543.1 万立方米,利用率为 13.58%。

4. 煤层气发电概况

煤层气发电是一项多效益型煤层气利用项目,它能有效地将矿区抽出的煤层气变为电能,方便地输送到各地。不同型号的煤层气发电设备可以利用不同浓度的煤层气。井下抽放的瓦斯不需提纯或浓缩,就可直接作为发电厂的燃料。这对降低发电成本、就地利用矿井煤层气是非常重要的。

目前瓦斯发电技术成熟的工艺有燃气轮机发电、汽轮机发电、燃气发电机发电和联合循环系统发电以及热电冷联瓦斯发电。近年来,随着煤层气(煤矿瓦斯)抽采利用政策的出台和完善,国内企业利用煤层气发电的积极性高涨,煤层气发电装置规模逐年上升,技术研发和装备制造水平不断提高。

据统计,截至 2008 年 4 月底,全国瓦斯发电机组已有 1104 台,总装机容量约 71 万千瓦,与 2005 年底相比,分别增加 513 台、41 万千瓦;分别增长 87%、137%。

# 第6章　矿井火灾与矿尘防治

矿井火灾是煤矿五大灾害之一。井下发生火灾,不仅会造成煤炭资源的损失,工程和设备的破坏,导致生产中断,而且还会严重威胁着矿工的生命安全,造成大量的伤亡。据统计,全国每年煤矿因火灾事故死亡人数超过2500人,占各类事故死亡总数的9%,并且引发瓦斯、煤尘爆炸恶性重特大事故的发生。所以,矿井火灾防治技术是综合机械化采煤专业必备的专业技术之一。

在矿山生产和建设过程中,如钻眼作业、爆破作业、掘进机及采煤机作业、顶板管理、矿物的装载及运输等各个环节都会产生大量的矿尘。这些粉尘在煤矿井下的实际存在,对井下工作人员的身体健康和矿井的安全生产构成了直接威胁。一般来说,在现有防尘技术措施的条件下,各生产环节产生的浮游矿尘比例大致为:采煤工作面产尘量占45%~80%;掘进工作面产尘量占20%~38%;锚喷作业点产尘量占10%~15%;运输通风巷道产尘量占5%~10%;其他作业点占2%~5%。各作业点随机械化程度的提高,矿尘的生成量也将增大,因此防尘工作也就更加重要。

本章重点探讨矿井火灾及其预防、煤炭自燃理论基础、火灾预测预报方法、开采技术防火措施、灌浆与阻化剂防灭火技术、均压防灭火技术、惰性气体防灭火技术、火灾时期通风技术、矿井火灾处理与控制方法以及矿尘性质、矿工职业病、煤尘爆炸及矿尘防治技术。

# 6.1　矿井火灾防治

所谓矿井火灾,就是发生在矿井范围内的火灾。矿井火灾既包括矿井地面发生的火灾也包括井内正在工作或已经报废的采掘空间内发生的火灾。

## 6.1.1　矿井火灾概述

1. 矿井火灾分类方法

(1)按火灾的发火原因不同划分。

内因火灾:由于有用矿物(煤、硫化矿等)或岩石与空气接触,氧化发热而导致着火,称为内因火灾(或自燃火灾)。

外因火灾:由于外部原因(如明火、违章放炮、机械摩擦及电流短路等)而引起有用矿物或矿井某些设施、材料等着火,称为外因火灾(或称外源火灾)。外因火灾一般没有发火预兆,突然出现明火、来势凶猛,往往使人措手不及。

据调查资料显示,矿井火灾中,内因火灾是主要的。例如,煤矿火灾大约有 70%是煤炭自燃。随着开采深度的增加,矿井机械化程度的提高,生产的高度集中,矿井外因火灾比重有上升的趋势,例近年来皮带燃烧、橡胶风筒着火以及电缆着火均时有发生。

(2)按火灾的对象不同划分。

有用矿物或岩石(如含煤岩石)的燃烧。像堆积矿物的燃烧、煤矿地面矸石山燃烧,以及井下矿柱或煤柱、采空区丢失的碎煤或硫化矿石燃烧等。

混合性质的火灾。如矿内支架和有用矿物同时燃烧。

材料与设备的燃烧。如井上、下坑木和排材的燃烧,运输机胶带、电缆、电气设备因电流短路而着火的燃烧等。

(3)按火灾发生的地点不同划分。

地面火灾:发生在矿井地面的火灾,如井楼、地面建筑和矸石山的燃烧等。

井下火灾:在地下采掘空间,包括正在生产的和已经报废的采掘空间内发生的火灾,称为井下火灾。

### 2. 矿井火灾的危害

燃烧煤炭资源,烧毁设备和耗掉大量灭火材料,造成巨大经济损失;为了灭火封闭采区,冻结大量开采煤量,使矿井产煤量大幅度下降;能引起瓦斯煤尘爆炸事故;火灾产生大量一氧化碳、二氧化碳、二氧化硫等有毒有害气体,造成人员伤亡;矿井火灾可引起矿井井巷风流的紊乱,给矿井安全工作带来严重危害。

### 3. 构成火灾发生的基本要素

矿井火灾的发火原因和发生地点是多种多样的,但它们的共同点就是必须同时具备三个必要的条件,即可燃物质、热源和氧气,三个条件缺一不可,才能使火灾的发生出现可能性,过去常称为火灾三要素。

(1)可燃物。

可燃物是矿井火灾发生的物质基础。在煤矿井下,煤本身就是一个大量客观存在的可燃物质,另外还有坑木、油类、炸药、机电设备、电缆、输送带、工作服、棉纱等。

（2）热源。

可燃物在燃烧之前，必须具有一定的温度和足够热量的热源才能引发火灾。在煤矿井下一旦出现明火、电气火花、爆破火花、摩擦火花、撞击火花、静电火花以及瓦斯（煤尘）爆炸产生的火焰都是引起矿井火灾的高温热源。

（3）氧气。

燃烧是剧烈的氧化现象，任何可燃物即使有热源点燃，但是如果没有足够的氧气，燃烧是不能维持的。实验证明，在氧气含量低于 3% 的空气中蜡烛不能燃烧。所以说，有足够的氧气含量的空气是发生矿井火灾不可缺少的基本条件之一。

## 6.1.2 煤炭自燃

煤炭自燃是煤矿主要火灾之一，关于煤矿自燃的原因，很多学者进行了大量研究工作，先后提出了许多学说，其中煤－氧复合导因学说被大多数人认可。

### 1. 煤炭自燃的发展过程

煤的自燃过程是个极其复杂的过程，此过程的发生、发展与化学热力学、化学动力学、物质结构学等理论密切相关，目前仅从煤的温度变化、气体成分方面的变化进行研究。根据煤－氧复合作用学说，煤炭自燃的过程大致可划分为如下三个阶段，如图 6-1 所示。

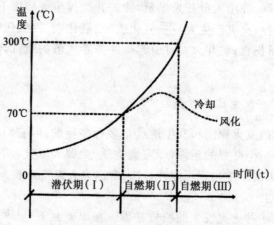

图 6-1 煤自燃发展过程示意图

（1）潜伏期（常温氧化阶段）。

潜伏期是指具有自燃倾向性的煤，在通风不良的常温状态下与空气中的氧气接触后，吸附空气中的氧而生成不稳定氧化物，煤在低温的环境中氧化速度极慢，看不出温升的明显迹象，在这一过程中煤的密度略有增加，着火温度降低，化学活性增大。

（2）自热期（自热阶段）。

经过常温氧化阶段后，煤氧化的速度加快，在常温氧化阶段生成的不稳定的氧化物开始分解成水、一氧化碳和二氧化碳。这时若产生的热量不能传导和散发出去，氧化积热将会使煤进一步升温，当煤温达到某一临界值（一般认为是 60℃～80℃）时煤开始出现干馏现象，此时期出芳香族的碳氢化合物（$C_mH_n$）、$H_2$ 及 CO 等可燃性气体，这就是煤的自热期。在这一阶段煤的氧化速度明显加快，温升也比较明显。若是煤在自热期，外界条件改变，有较好的通风降温条件，就能将氧化产生的热量充分地释放出来，煤温将会逐渐降下来，就会使煤进入风化阶段，从而有效防止了煤由自热期向燃烧的转化。

（3）燃烧期。

经过自热阶段，煤温达到一定值时，如果没有通风散热、降温条件，将会达到煤的燃点（褐煤为 $t \leqslant 300℃$；烟煤为 $t = 320℃ \sim 380℃$；无烟煤为 $t \geqslant 400℃$）时，若供氧充分，煤就会燃烧起来，即进入煤的燃烧阶段。煤进入燃烧阶段将会产生烟雾，出现明火，并产生大量的一氧化碳、二氧化碳及其他有毒有害气体，火源中心的温度可达 1000℃～2000℃。

如果在达到煤的燃点（即临界温度或着火点）之前，改变煤的散热条件和供氧，煤的增温过程就会自行放慢而进入冷却阶段，煤逐渐冷却并继续缓慢氧化甚至发展到风化阶段，已经风化了的煤炭就不再燃烧了。

**2. 决定煤自燃倾向性的因素**

煤从常温发展到自燃，煤本身必须具有自燃倾向性。煤的自燃倾向性主要决定于煤的变质程度、煤的水分、煤岩成分以及煤的含硫量。

（1）煤的变质程度。

各种变质程度的煤都有可能自燃，但褐煤等由于变质程度低，发火次数更多。变质程度高的贫煤或无烟煤，在开采过程中相对于低变质程度煤来说自燃较少。一般认为煤的变质程度高，则煤的自燃倾向性降低。相反，变质程度越低的煤，煤的自燃倾向越高。自燃倾向由小到大的顺序一般为：无烟煤、焦煤、肥煤、气煤、长烟煤、褐煤。但这不是煤自燃倾向性的唯一标志，就是相同变质程度的煤，有的自燃，有的却不自燃。

(2)煤岩成分。

在组成煤的丝煤、暗煤、亮煤和镜煤四种煤岩成分中,丝煤结构松散,微孔多,着火温度仅为 $190℃\sim270℃$ ,在常温下吸附氧比其他煤岩成分要多 $1.5\sim2.0$ 倍,是煤自燃的"引火物"。亮煤和镜煤脆性大,灰分低,且次生裂隙中往往充填以黄铁矿,开采过程中易碎,接触氧的面积大,着火温度低,最有利于煤的自燃。

(3)煤的含硫量。

同牌号的煤中含硫矿物(如 $FeS_2$ )多,则更易自燃。贵州六枝煤矿,煤中含硫 $2.5\%\sim5.5\%$ ,最高达 $10.15\%$ ,极易自燃。四川芙蓉矿务局开采的无烟煤,虽变质程度高,发火仍严重,因为黄铁矿硫最高含 $7.63\%$ 。黄铁矿比热小,它与煤吸附相同的氧气量时,温度的增值比煤要大 3 倍。黄铁矿 $(FeS_2)$ 分解后氧化铁 $(Fe_2O_3)$ 比煤更易吸附氧。

(4)煤的水分。

煤所含水分直接影响到煤氧化的速度。煤氧化发热,煤中水分蒸发而消耗热量;煤中水分未充分蒸发,要使煤氧化发展到自燃是很困难的。但有的认为,水分含量大,则自燃倾向性小。但有的认为,水分充填煤的裂隙,一旦水分蒸发煤变干燥后,裂隙更多,吸附氧的能力更强;同时,煤中的水分又能加速硫矿物(如 $FeS_2$ )的水解,引起化学反应而促使煤的氧化,因而水分更易引起煤自燃。对于具体的煤,如变质程度、含黄铁矿、孔隙率一定时,某含湿量可能是有助于自燃的,而当含湿量过大时又会阻碍自燃。

(5)煤中的灰分。

因灰分是不可燃物质,对煤的氧化起到阻碍作用。所以灰分含量越高的煤,则越不易自燃。但灰分含量越高的煤,煤质越差,按国家技术政策规定,灰分含量超过 $40\%$ 的煤,属不可采煤,不允许开采。

(6)其他。

煤的瓦斯含量、孔隙率和导热力也对煤的自燃倾向性有影响。

3. 影响煤自燃的地址开采因素

(1)煤层厚度。

实践证明,开采厚煤层时,自燃次数多。因为开采厚煤层时,围岩和煤层容易被破坏,形成裂隙和冒顶,煤炭的采出率低,煤层暴露时间长等。这些都为煤的氧化提供了外部条件,再加上煤本身属于不良导热物,煤层厚度越大就越容易积聚热量。

(2)煤层倾角。

煤层倾角越大,发火越严重。这是由于倾角大的煤层开采时,顶板管理难度大,采空区不易封闭严密,煤柱亦难以留设,造成漏风量比较大,上部已采区经过自燃准备的煤块,容易滑落到下部采煤工作面,成为"引火物"。

(3)地质构造。

煤层受到地质作用破坏的地区,煤炭自燃就比较频繁。这是因为地质构造破坏地区的煤质松散且比较破碎,裂隙比较发育,围岩的裂隙多又容易渗水,使煤的氧化能力增强。在岩浆侵入地区自然发火更多。

(4)围岩性质。

如果煤层顶板坚硬不易垮落,则煤柱易受压破裂,且顶板冒落后的块度比较大,使采空区难以充填密实,漏风量大,为煤炭自燃提供了便利条件。在此条件下,如果供氧条件好,则易于自燃。如果煤层顶板比较松软,冒落后采空区充填充分,漏风小,自燃危险性较小。

(5)开采技术因素。

开采技术因素主要有矿井开拓方式、采煤方法和通风条件等因素。

①矿井采煤方法。选择合理的开采顺序和采煤方法,加快回采速度,提高工作面采出率,减少采空区的煤炭损失,有利于防止煤炭自燃。

②矿井开拓系统。如采用石门、岩巷开拓,就能大大减少对煤体的切割,使煤柱的留设量尽可能地减小到最低程度,减少了煤层的暴露面,就可以减小煤层自燃发火的危险性。

③选择合理的通风系统。漏风给煤炭自燃提供必要的氧气,漏风强度的大小直接影响着媒体的散热。选择合理采煤工作面通风系统,尽量缩短风路长度和减少向采空区漏风,有利于防止煤炭自燃。

4. 煤自燃倾向性的鉴定

煤炭自燃倾向的鉴定方法很多,中国目前采用吸氧量法,即"双气路气相色谱仪吸氧鉴定法",鉴定结果按表 6-1 分类(方案)确定自燃倾向性等级。

表 6-1　煤的自燃倾向性分类(方案)

| 自燃等级 | 自燃倾向性 | 30℃常压条件下煤吸氧量/$(cm^2 \cdot g^{-1})$(干燥) | | | 备注 |
|---|---|---|---|---|---|
| | | 褐煤、烟煤类 | 高硫煤、无烟煤类 | | |
| Ⅰ | 容易自燃 | ≥0.8 | ≥1.00 | 全硫($S^f$,%)>2.00 | |
| Ⅱ | 自燃 | 0.41~0.79 | ≤1.00 | 全硫($S^f$,%)>2.00 | |
| Ⅲ | 不易自燃 | ≤0.40 | ≥0.80 | 全硫($S^f$,%)<2.00 | |

5. 煤炭自燃的早期识别

煤炭自燃的初期阶段,若能及时发现,采取措施阻止氧化继续发展,对于避免自燃火灾的发生,十分重要。我国矿井的自然火灾的预测主要是应用气体分析法和测温度法,另外,煤炭氧化到自热阶段时,还会出现一些较为明显的外部征兆,可通过人体的肢体感觉器官所感知。

(1)人的感觉识别煤炭自燃。

①视力感觉。巷道中出现雾气或巷道壁及支架上出现水珠,或从煤壁内涌出水表明煤炭已开始进入自燃阶段。但是,当井下两股温度不同风流汇合处也能出现雾气,井下发生透水事故前的预兆也有水珠出现。但它们存在的本质不同,因此,在井下煤壁上发现水珠时,应结合具体条件加以分析,做出正确的判断。

②温度感觉。当人员行入某些地区,感觉空气温度高,闷热;用手触摸煤壁或巷道壁,发热或烫手,这是由于煤炭氧化生热造成的,说明煤壁内可能自热或自燃。

③气味感觉。如果在巷道或采煤工作面闻到煤油、汽油、松节油或焦油气味,表明此处风流上方某地点煤炭自燃已经发展到自热后期。

④身体不舒的感觉。多数人员在井下某些地区出现头痛、胸闷、精神不振、四肢无力等不舒服的感觉,表明所处位置附近的煤炭已进入自然发火期,这些不舒服的感觉是由于自燃使空气中氧气含量减少,有害气体(如一氧化碳)含量增加,使人轻微中毒所致。

(2)气体分析法。

气体分析法是利用仪器分析和检测某些指标气体的浓度变化,来预报煤炭自燃的方法。

①测定空气浓度变化预报火灾。目前,中国常用的指标气体有一氧化碳、乙烯、乙炔、丙烷、乙烷等,预报指标有一氧化碳和乙烯绝对量、火灾系数、链烷比法。

用空气中 $O_2$ 的减少和 $CO$、$CO_2$ 的增加,计算火灾系数,即:

$$R_1 = \frac{+\Delta CO_2}{-\Delta O_2} \times 100\% \tag{6-1}$$

$$R_2 = \frac{+\Delta CO}{-\Delta O_2} \times 100\% \tag{6-2}$$

$$R_3 = \frac{+\Delta CO}{-\Delta CO_2} \times 100\% \tag{6-3}$$

式中　$R_1$——第一火灾系数；

　　　$R_2$——第二火灾系数；

　　　$R_3$——第三火灾系数。

应用时，一般以第二火灾系数 $R_2$ 作为主要指标，以第一火灾系数 $R_1$ 作为辅导指标，第三指标系数 $R_3$ 作为参考指标，在有掺入新鲜风流时，$R_1$、$R_2$ 的可靠性降低，$R_3$ 则不受影响[①]。

一般说来，当煤炭进入自燃阶段，$R_1$ 约为 $0.3 \sim 0.4$，若连续增大就预示着自燃火灾已经发生；若 $R_2$ 超过 0.05，则应警惕自燃火灾的发生，如果超过 0.01，则说明火灾已经发生。

计算风流中 CO 的绝对量 $H$

$$H = QC_{CO} \tag{6-4}$$

式中　$H$——自然发火预报指标，$m^3/min$；

　　　$C_{CO}$——观测点气样中的 CO 含量，%；

　　　$Q$——观测点处的风量，$m^3/min$。

$H < 0.0049 m^3/min$，无自然发火现象；

$H > 0.0059 m^3/min$，为自然发火预报值；

$0.0049 m^3/min < H < 0.0059 m^3/min$ 时，要加强观测。

用这种方法预报矿井自然火灾实际效果显著，其预报准确率高达 90%。而且这种方法原理简单，应用方便，不受井下风量变化的影响。但这种方法对每一个自然发火的矿井都要有长期、大量观测统计数据。定出符合本矿实际情况的自然发火临界值，才能进行准确的预报。

②气体成分和温度分析。使用气象色谱仪定量或定性分析气体成分预报火灾是否发生，使用红外线气体分析仪，利用空气温度变化来判断火灾是否发生。

③束管检测系统。利用束管连续采取自然区气样并进行分析，是预报自燃的一种方法。束管检测系统是由抽气泵将井下的气样通过多芯束管抽取至地面，用分析仪器进行连续分析，并对可能发生自燃的地点尽快地发出警报的一种装置。一般由采样系统、控制装置、气体分析、数据储存、显示与报警四部分组成（见图 6-2）。

---

① 蔡永乐，胡创义．矿井通风与安全．北京：化学工艺出版社，2007.

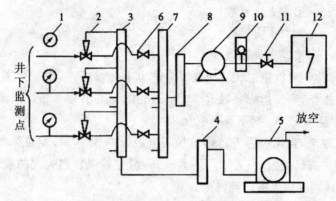

**图 6-2   束管抽气取样装置示意图**

1—负压表;2—三通电磁阀;3—集气支管 A;4—滤尘器 A;5—真空泵;

6—二通电磁阀;7—集气支管 B;8—滤尘器 B;9—无油真空压缩复合泵;

10—限压阀;11—针形阀;12—分析仪

### 6.1.3   矿井防火

矿内火灾,应以预防为主,综合防治。即在煤、硫矿物自燃倾向性一定时,使用最快回采速度、最高回收率、最便于封闭和灌浆、对煤体切割和破坏最少、采空区冒落(或充填)最充分的开拓开采方式;使用漏风最少、风压最小的矿井通风系统。然后再考虑用防火灌浆、调节风压、施放阻化剂(或氮气,或二氧化碳)等。

1. 矿井防火的一般性措施

(1)建立防火制度。

《规程》第 215 条规定:生产和在建的矿井都必须制订地面和井下的防火措施。矿井的所有地面建筑物、煤堆、矸石山、木料场等处的防火措施和制度,必须符合国家有关防火的规定。

(2)防止火烟入井[①]。

木料场、矸石山、炉灰场距进风井的距离不得小于 80m。木料场距矸石山的距离不得小于 50m。矸石山和炉灰场不得设在进风井的主导风向的上风侧,不得设在地表 10m 以内有煤层的地面上,也不得设在采空区上方有漏风的塌陷范围内。这些都是为了防止因井口附近着火时烟流进入井下。

---

① 宁尚根 . 矿井通风与安全 . 北京:中国劳动社会保障出版社,2006.

(3)设置消防材料库。

消防材料用于发生火灾时能迅速而有效灭火。因此,每一矿井必须在井上、井下设置消防材料库,并符合下列要求:

①井下消防材料库应设在每一个生产水平的井底车场或主要运输大巷中,并应装备消防列车。

②井上消防材料库应设在井口附近,并有轨道直达井口,但不得设在井口房内。

③消防材料库储存的材料、工具的品种和数量,应符合有关规定,并定期检查和更换;材料、工具不得作为他用。因处理事故所消耗的材料,必须及时补充。

(4)设防火门。

为了避免地面火灾传入井下,在进风井口应装设防火铁门。如果不设防火铁门,必须有防止烟火进入矿井的安全措施。防火铁门必须关闭严密,打开时不妨碍提升、运输和人员通行。

(5)设置消防水池和井下消防水管系统。

用水灭火是一种比较方便经济而有效的方法。因此要求:矿井必须设有地面消防水池和井下消防管路系统。井下消防管路系统应每隔100m设置支管和阀。地面的消防水池必须经常保持不少于200m的水量。如果消防用水同生产、生活用水共用同一水池,应有确保消防用水的措施①。

开采下部水平的矿井,除地面消防水池外,可利用上部水平或生产水平的水仓作为消防水池。

(6)采用不燃性建筑材料。

对现有生产矿井用可燃性材料建筑的井架和井口房,必须制订防火措施。新建矿井的永久井架和井口房,以井口为中心联合建筑,必须用不燃性材料建筑。

2. 外因火灾预防措施

①井下严禁使用灯泡取暖和使用电炉。

②井下不得从事电焊、气焊和喷灯焊接工作。如果必须在井下焊接时,焊接地点前后两端各10m的井巷范围内应是不燃性材料支护,应有供水管,有专人喷水,每次必须制定安全措施,并指定专人在场检查监督。焊接工作地点至少备有2个灭火器,还必须遵守《煤矿安全规程》有关规定。

③井筒、平硐、各水平的连接处及井底车场,主要绞车道与主要运输巷、

---

① 宁尚根. 矿井通风与安全. 北京:中国劳动社会保障出版社,2006.

回风巷的连接处,井下机电设备硐室,主要巷道内的带式输送机机头前后两端各 20m 范围内,都必须用不燃材料支护。

④井下严禁存放汽油、煤油和变压器油。井下使用的润滑油、棉纱、布头和纸等,必须存放在盖严的铁桶内,不得乱放乱扔,并有专人送到地面处理。严禁将剩油、残油泼洒在井巷或硐室内。井下清洗风动工具时,必须使用不燃性和无毒性洗涤剂,并必须在专用室进行。

⑤井下爆破材料库、机电设备硐室、检修硐室、材料库、井地车场、使用带式输送机或液力耦合器的巷道以及采掘工作面附近的巷道中,应备有在灾害预防和处理计划中确定数量、规格、地点的灭火器材。井下工作人员必须熟悉灭火器材的使用方法,并熟悉本职工作区域内灭火器材的存放地点。

⑥防止爆破引火,井下爆破工作是引起外因火灾的原因之一,甚至能引起瓦斯和煤尘爆炸事故。采掘工作面都必须使用取得产品许可证的煤矿许用炸药和煤矿许用电雷管。使用煤矿许用毫秒延期电雷管时;最后一段的延期时间不得超过 130ms。打眼、装药、封泥和放炮都必须符合《煤矿安全规程》规定。

⑦使用矿用防爆型柴油动力装置时,排气口的排气温度不得超过 70℃,其表面温度不得超过 150℃,各部件不得用铝合金制造,使用的非金属材料应具有阻燃和抗静电性能。油箱的最大容量不得超过 8h 的用油量,油箱及管路必须用不燃性材料制造。燃油的闪点应高于 70℃。并必须配置适宜的灭火器。

⑧采用滚筒驱动带式输送机时,必须使用阻燃输送带[①],其托辊的非金属零部件和包胶滚筒的胶料、阻燃性和抗静电性必须符合有关规定,并应装设温度保护、烟雾保护和自动洒水装置。其使用的液力耦合器严禁使用可燃性传动介质。

⑨井下电器设备必须选用经检验合格的并取得煤矿矿用产品安全标志,必须具有超负荷、漏电、短路保护,并保持经常性良好运转,按《煤矿安全规程》规定定期检查和维修。

3. 内因火灾的预防措施

预防煤炭自燃的技术性措施主要包括:开采技术措施、预防性灌浆、阻化剂防火、惰性气体防火、胶体材料防火和均压技术防火等措施。

(1)开采技术措施。

从预防煤炭自燃的角度出发,对开拓、开采技术总的要求和应坚持的基

---

① 蔡永乐,胡创义. 矿井通风与安全. 北京:化学工艺出版社,2007.

本原则是:最少的煤层暴露面积、最大的回采率、最快的回采速度、最易封闭的采空区。为了达到上述基本要求,应采取如下技术措施:

①选择合理的矿井开拓方式。

主要通风井巷尽量采用岩巷开拓方式。《煤矿安全规程》第 229 条规定:对开采容易自燃和自燃的单一厚煤层或煤层群的矿井,集中运输大巷和总回风巷应布置在岩层内或不易自燃的煤层内[①];如果布置在容易自燃和自燃的煤层内,必须砌碹或锚喷,碹后的空隙和冒落处必须用不燃性材料充填密实,或用无腐蚀性、无毒性的材料进行处理。

②选择合理的采煤方法。

煤矿的长壁式采煤法,巷道布置系统简单,采出率高,特别是综合机械化长壁工作面,回采速度快,生产集中,便于管理,在相同产量的条件下,煤壁暴露时间短、暴露面积小,有利于防止煤炭自燃。

遵守正常的开采程序,开采煤层群时,一定要先采上层煤,后采下层煤;同采一煤层时,要先采上部,后采下部,且回采工作面一般要先从采区边界开始,做后退式开采。

尽管水力采煤是矿井开采方面的一项新技术,但由于其采出率比较低,且通风问题难以解决,有时会形成自然发火的被动局面。因此,对于容易自燃和自燃煤层的开采,尽量不采用此项开采技术。

此外,合理的采煤方法还包括采煤工作面顶板管理方式。煤柱和煤壁的完整性及采空区的漏风量都受不同的顶板管理方式的影响。一般来说,从防止煤炭自燃的角度来讲,全部充填法优于缓慢下沉法,全部充填法和缓慢下沉法又优于全部垮落法。

对于常用的全部垮落法而言,如果顶板岩层比较坚硬、冒落块度大,则采空区难以充填密实,容易形成煤炭自燃,如果在此情况下还采用全部垮落法管理顶板,则必须辅之预防性灌浆或其他防火措施。相反,若顶板岩性松软、易冒落、膨胀系数大,则采空区易于充填密实,在这种情况下,采用全部垮落法管理顶板防火效果还是比较好的。

③采用无煤柱开采技术。

无煤柱开采的实质是:水平大巷、采区上(下)山区段集中运输巷和回风巷布置在煤层底板的岩层中,采用跨越回采,取消了水平大巷、采区上(下)山煤柱,采用沿空送巷,取消了区段、采区间煤柱。采用倾斜长壁仰斜推进、间隔跳采等措施,对于抵制煤柱自然发火都起到了十分重要的作用。

---

①　廉战军 . 矿井通风与安全 . 太原:山西人民出版社,2010.

④加快回采速度,及时封闭采空区。

在有用矿物发火期内,将工作面采完并给予封闭,这是不需要采取其他措施的简单防火方法。加快采煤工作面回采速度既可提高工作面的产量,又能在时间与空间上减少煤炭与空气中氧气的氧化机会。采用机械化采煤可以有效加快工作面回采速度,有利于防止煤炭自燃。另外,采煤工作面开采结束后,必须及时封闭。

⑤选择合理的通风系统,防止漏风。

矿井的通风系统对漏风的大小影响较大,开采有自然发火危险的煤层时,应注意根据矿井的具体情况选择合理的采区通风系统。采煤工作面通风系统如图 6-3 所示。采煤工作面采用式进时回采时,选用图 6-3(b)有利于防止采空区煤炭自燃;采煤工作面采用后退式回采时,采用图 6-3(d)可减少向采空区漏风和防止采空区煤炭自燃。对于整个矿井而言,应尽量降低全矿总风压,减少漏风,以利于防止自然发火。根据《煤矿安全规程》第230 条规定[①]:开采容易自燃和自燃煤层时,采煤工作面必须采用后退式回采。

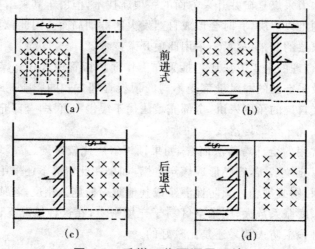

**图 6-3 采煤工作面通风系统**

另外,还需及时封闭采空区和废弃巷道,以防漏风。

(2)预防性灌浆。

预防性灌浆就是把黏土、页岩和电厂飞灰等不燃性固体材料和水按比例制成一定浓度的浆液,利用灌浆管道送往井下可能发生煤炭自燃的地点。

---

① 廉战军.矿井通风与安全.太原:山西人民出版社,2010.

其作用是:包裹碎煤,使之隔绝与氧接触;沉淀物填堵裂缝,减少漏风;对自热煤炭冷却降温。另外,浆液增加了煤的外在水分,减缓煤的氧化进程。

浆液中的固体材料应满足下列要求:

①易于加水制成泥浆,注入后易于脱水,同时还具有一定的稳定性。

②收缩量尽可能小,含砂量不超过 30%。

③不含可燃或助燃成分,不含催化物质。

④粒度一般不大于 2mm,而且粒度小于 1mm 的细小颗粒所占比例应达到 75%。

⑤便于开采和制备。我省煤矿应用的浆材主要是黄土。如无土可取,也可选用破碎后的页岩、矸石和热电厂的炉灰作为代用材料,这已在很多矿井的实践中取得了很好的防灭火效果。

预防性灌浆方法按与回采的关系分有:采前灌浆、随采随灌和采后灌浆三种类型。

①采前灌浆。

这是针对开采特厚煤层,老空过多,煤层及其自燃而采取的措施。就是在工作面还没有回采之前,对其开采区域和上部采空区进行灌浆,如图 6-4 所示。对于开采老窑多、易燃厚煤层进行采前预灌,充填老窑虚空,可消灭蓄火、降低煤温、粘结浮煤,同时起到除尘和排挤有害气体的作用,以实现老窑的安全复采。

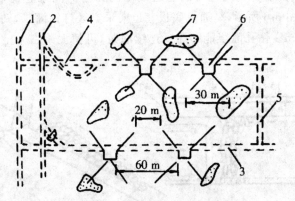

**图 6-4　采前预灌钻孔布置图**

1—运输机上山;2—轨道上山;3—岩石运输巷;4—岩石回风巷;
5—边界上山;6—钻窝;7—老空区

采前预灌的方法可利用小窑灌注,或开掘灌浆消火道,还可以利用钻孔灌注。

②随采随灌。

随采随灌就是随着采煤工作面推进,向采空区内灌注泥浆,特别适应于长壁工作面发火期短的煤层。随采随灌能及时有效地防止采空区中遗煤自燃,同时还能起到降温、防尘和胶结冒落岩石、形成再生顶板的作用。根据情况的不同,随采随灌又可分为下列三种方法。

埋管灌浆[①]。即沿回风巷在采空区内预先铺好灌浆管,放顶后立即开始灌浆,如图 6-5 所示。灌浆管埋入采空区 15~20m,随工作面推进用回柱绞车索引外移,每次外移距离等于放顶步距。为防止埋入的灌浆管被冒落的岩石砸坏,埋管时采用架设临时木垛等防护灌浆管。

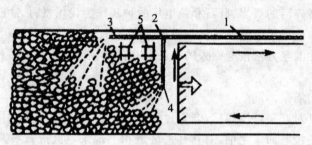

图 6-5　埋管灌浆与洒浆

1—灌浆管;2—三通;3—预埋灌浆管;4—胶管;5—木垛

钻孔灌浆[②]。即利用已有的巷道或专门开凿的灌浆巷道,向采空区打钻灌浆。如图 6-6 所示,是通过底板巷道向采空区打钻灌浆,钻孔应深入采空区内 5~6m。钻孔灌浆能够保证连续灌浆,可使泥浆在采空区内较均匀地分散。

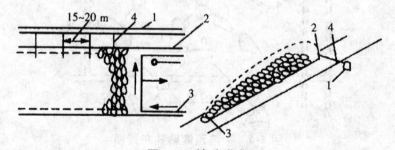

图 6-6　钻孔灌浆

1—底板巷道;2—回风巷道;3—进风巷道;4—钻孔

---

①　何延山.矿井通风与安全.湘潭:湘潭大学出版社,2009.

②　同上

工作面洒浆。采用单体柱支护的工作面,煤层倾角小,或浮煤较厚,灌浆不充分时,可在灌浆管上接入高压胶管,人工向采空区洒浆,以补充灌浆,如图 6-7 所示。

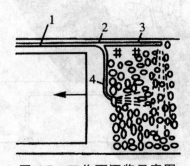

**图 6-7　工作面洒浆示意图**

1—灌浆管;2—三通;3—预埋灌浆管;4—胶管

③采后灌浆。

采煤工作面或采区开采结束后,封闭其采区,进行灌浆。采后灌浆可以在封闭停采线的上部密闭墙上插管灌浆,也可以由邻近巷道向采空区上、中、下三段分别打钻灌浆。

进行预防性灌浆时,要特别注意防止发生溃浆事故,要做好灌浆后的排水工作;要经常观测水情,对灌浆量和排出的水量进行记录和分析,发现问题要及时处理;在灌浆区下部开始回采前,要对灌浆区进行积水检查,只有在打钻放水后,方可进行采掘工作。

(3)阻化剂防火。

阻化剂是一种吸水性很强的无机盐类或某些工厂的废液、副产品。将它们喷洒于煤壁或采空区或注入煤体内,使煤炭与氧气接触面减少,降低煤的氧化能力,同时可以起降温作用,预防煤炭自燃,如图 6-8 所示。

(4)凝胶防火。

凝胶灭火是 20 世纪 90 年代在中国广泛应用的新型防灭火技术。凝胶是由基料硅酸盐(水玻璃)+促凝剂(碳酸氢氨等盐类)+水(90%左右)组成。其基料和促凝剂都具有阻化作用,加之含有大量水分,在一定的压力下,注入高温点周围的煤体中。既可起到阻止氧化作用,又可封堵漏风(裂隙)通道,防止漏风渗入;其内固聚的大量水分,遇高温受热蒸发,还可以起到吸热降温作用。

(5)惰性气体防火。

向采空区内注入惰性气体,由于惰性气体较稳定,不助燃,可减少采空区内的氧气含量,使煤炭隔氧、降低氧化速度,预防自燃。

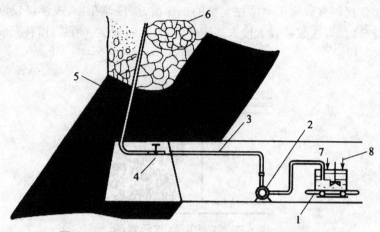

**图 6-8　局部发热地点注入阻化剂的工艺系统**

1—阻化液矿车；2—压力泵；3—铁管；4—调节阀；5—钻孔插管；
6—发热区；7—供水；8—阻化剂

## 6.1.4　矿井火灾的处理

矿内火灾，应采取综合防治，尽可能使之不发生。但火灾发生的可能性仍然存在。一旦发生火灾时，应果断迅速地采取措施，决不犹豫。应使全矿职工明白，首先发现火灾的人应立即报告，并尽可能组织力量就地扑灭。矿井调度室值班人员接到报告后，应立即按《矿井灾害预防与处理计划》行动。召唤矿山救护队，组织救灾指挥部，集权于指挥长，决定如何撤退灾区人员、抢救遇难者，选择控制火势、扑灭火灾的方法和措施。井上、井下所有人员，必须服从命令、坚守岗位。

1. 矿井火灾的主要灭火方法

（1）用水灭火。

用水灭火时，要有充足的水源；灭火时，应先从火源外围逐渐向火源中心喷射水流，以免生成爆炸性气体，产生爆炸或生成大量的水蒸气，伤害灭火人员；同时，灭火人员应站在进风侧，以防高温烟流伤人或使人中毒；用水扑灭电气火灾时，应先切断电源；对于油类火灾，不宜用水直接灭火。

（2）用沙子或岩粉灭火。

砂或岩粉直接撒盖在燃烧物上，隔绝空气，使火熄灭。此方法常用于扑灭初起的电气火灾和油类火灾。砂或岩粉来源广、成本低，在机电硐室、材料仓库及炸药库等地均应设置防火。

（3）干粉灭火。

目前矿用干粉灭火器是以磷酸铵粉为主药剂的。在高温作用下磷酸铵粉末进行一系列分解吸热反应，将火灾扑灭。矿上使用的有干粉灭火器（见图 6-9）、灭火手雷（见图 6-10）等。

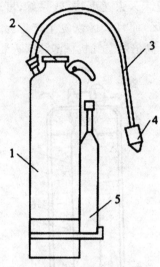

图 6-9　干粉灭火器

1—机筒；2—机盖；3—喷射胶管；4—喷嘴；5—二氧化碳钢瓶

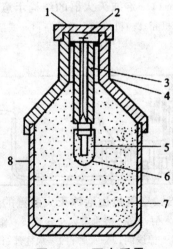

图 6-10　灭火手雷

1—护盖；2—拉火环；3—雷管固定管；4—外壳盖；
5—雷管；6—炸药；7—药粉；8—胶木外壳

（4）泡沫灭火。

泡沫灭火器（见图 6-11），使用时将灭火器倒置，使内外瓶中的酸性溶液和碱性溶液混合，发生化学反应产生的二氧化碳覆盖在燃烧物上来隔绝空气灭火。高倍数泡沫灭火是利用机械产生的泡沫来吸收热量，隔绝空气，以扑灭火灾的。高倍数泡沫灭火速度快、效果好，可以给发泡机前端接上风筒，把泡沫送入较远的火区，而且火区恢复生产容易，适应于井下各类巷道、硐室等较大规模的火灾。高倍数空气机械泡沫灭火装置如图 6-12 所示。

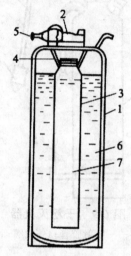

**图 6-11　泡沫灭火器的结构示意图**

1—机壳；2—机盖；3—玻璃瓶；4—铁架；
5—喷嘴；6—碱性药液

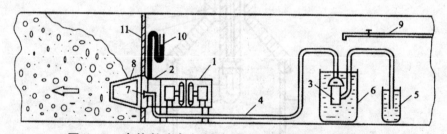

**图 6-12　高倍数空气机械泡沫灭火装置的结构标意图**

1—风机；2—泡沫发射器；3—潜水泵；4—管路；5—盛剂瓶；6—水桶；
7—喷嘴；8—棉线网；9—水管；10—水柱计；11—密闭

（5）挖除火源灭火。

在火源周围无瓦斯积存以及无煤尘爆炸危险时，才能使用。经燃烧的火源挖掉，运出。这是扑灭矿井火灾最彻底的方法。但是这种方法只有在人员能接近火源、火灾初期范围不大时灭火。

(6)注浆灭火。

向火区注入大量的浆液,使其充满燃烧的煤体的裂隙或覆盖在燃烧物表面,通过冷却、隔绝氧气来扑灭火灾。

(7)均压灭火。

调节封闭火区进风侧、回风侧两端的压力差,使其达到最小值或平衡,以减少漏风,加速灭火。

(8)惰性气体灭火。

向封闭的火区注入稳定的惰性气体,减少火区内氧气的含量,同时增加压力,减少新鲜空气进入,阻止可燃物燃烧。

(9)封闭防火。

对火区进行及时而严密的封闭,使火区与空气隔绝,防止自燃或复燃。如图 6-13 所示为砂袋防爆防火墙。使用这种方法时必须加强火区管理和监测。

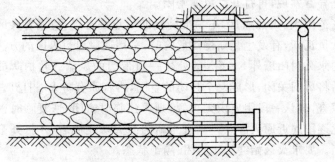

**图 6-13　砂袋防爆防火墙**

2. 火区管理与启封

(1)火区管理。

火区封闭后,应加强管理促使其熄灭。每一个火区都要建立管理卡片,包括火区登记表、火区灌浆注砂记录表及防火密闭记录表等。卡片上应有火区地点、发火时间、火灾性质、火区地质和原开采状况的记录,并绘制火区位置等有关插图。

防火墙内气体成分和浓度以及墙内温度等,应按规定检查、记录和挂牌。防火墙外需设栅栏,禁止人员入内。若发现墙封闭不严或被破坏以及火灾区内有异常变化时,应及时采取措施处理。

对火区严格检查和管理,加快其熄灭。火区熄灭的条件如下[①]:

---

① 卢义玉,王克全,李晓红. 矿井通风与安全. 重庆:重庆大学出版社,2006.

①火区内空气温度下降到 30℃以下,或与火灾发生前该区的温度相同。

②火区内空气中氧降低到 5%以下。

③火区内空气中不含有乙烯和乙炔,一氧化碳在封闭期内逐渐下降,并稳定在 0.001%以下。

④火区的出水温度低于 25℃,或与火灾前该区的日常出水温度相同。

⑤上述四项指标持续稳定的时间在 1 个月以上。

(2)火区启封。

确认火区熄灭后,方准启封。启封前要制订安全措施,同时做好应急的准备后,一般由救护队启封。

火区启封方法有两种。

火区范围不大,证明火源已经熄灭,可以一次启封。启封前撤出火区气体排放线路上的人员,切断回风侧电源。首先在回风侧防火墙开一个小孔,然后逐渐打开,由佩戴呼吸器的救护队员进入火区侦察和检查瓦斯。待一定时间无异常发现,再打开进风侧密闭。

火区范围大,火源点远,不易准确判断该点是否熄灭;或者火区内有可能积存大量瓦斯,有发生瓦斯爆炸危险时,采用逐段启封火区的方法。先在欲打开的永久封闭墙外 5～6m 的处建一道带门的风墙。救护队员佩戴仪器进入后将风门关闭,形成一个封闭的空间,再将原有防火墙打开。救护队员进入探查,确认一段距离内无火源,则再建临时密闭,恢复临时密闭外通风。用此逐段逼近原火源点。只有当新的防火墙建成后,才打开第一个密闭的风门。要求火区始终处于封闭、隔绝状态。

在启封过程中若出现复燃征兆时,必须立即进行处理。

火区启封后的 3 天内,测定该区温度和空气成分。只有确认火区完全熄灭、通风等情况良好后,才能组织生产。

# 6.2 矿尘防治

## 6.2.1 矿尘的分类与危害

### 1. 矿尘的含义及分类

在矿井生产过程中所产生的各种矿物细微颗粒,统称为矿尘。

矿尘除按其组成成分可分为岩尘和煤尘;按矿尘存在状态可分为浮游矿尘(悬浮于空气中的矿尘)和沉积矿尘(从矿内空气中沉降下来的矿尘);

按矿尘粒径大小可分为粗粒、细粒、微粒和超微粒。

**2. 矿尘的产生及危害**

矿尘的产生与下列因素有关：

①与工作地点有关，以采掘工作面为最高，其次是运输系统的各转载点和装卸点。

②与煤、岩的物理性质有关，节理发育好、脆性大、结构疏松、水分低的煤易产生粉尘。

③与机械化程度、有无防尘消尘措施及开采强度有关。

④在地质构造复杂、断层和裂隙发育处开采时矿尘产生量大。

⑤与作业环境的温度、湿度及通风状况有关。

⑥与采煤方法及截割参数有关。

⑦在干式打眼、装运岩、割煤（放炮）等工序中矿尘产生较多。

矿尘的危害有以下几方面：

①污染工作场所，危害人体健康，引起职业病工人长期吸入矿尘后，轻者会患呼吸道炎症、皮肤病，重者会患尘肺病，而尘肺病引发的矿工致残和死亡人数在国内外都十分惊人。据国内某矿务局统计，尘肺病的死亡人数为工伤事故死亡人数的 6 倍；德国煤矿死于尘肺病的人数曾比工伤事故死亡人数高 10 倍。因此，世界各国都在积极开展预防和治疗尘肺病的工作，并已取得较大进展。

②降低工作场所能见度，影响视力，降低劳动效率，导致工人操作失误，造成工作人员意外伤亡事故的发生。

③加速机械磨损，缩短精密仪器使用寿命。随着矿山机械化、电气化、自动化程度的提高，矿尘对设备性能及其使用寿命的影响将会越来越严重，应引起高度的重视。

④粉尘中的煤尘在一定条件下可以发生爆炸。煤尘能够在完全没有瓦斯存在的情况下爆炸，对于瓦斯矿井，煤尘则有可能参与瓦斯同时爆炸。煤尘或瓦斯煤尘爆炸，都将给矿山以突然性的袭击，酿成严重灾害。例如，1906 年 3 月 10 日法国柯利尔煤矿发生的煤尘爆炸事故，死亡 1099 人，造成了重大的灾难。

## 6.2.2　煤尘爆炸及预防

**1. 煤尘爆炸的过程分析及爆炸的条件**

煤尘的爆炸过程实质上就是空气中氧气与煤尘急剧氧化的反应过程。

这一过程大致可以分为三步：

①悬浮的煤尘在热源作用下迅速地被干馏或汽化而放出可燃性气体。

②可燃性气体与空气混合后，在高温热源作用下燃烧。

③煤尘燃烧放出热量，这种热量以分子传导和火焰辐射的方式传给附近悬浮的或刚被吹扬起来的煤尘，这些煤尘受热后汽化，放出可燃性气体（主要成分为甲烷、乙烷、丙烷、丁烷和1%左右的碳氢化合物），使燃烧循环继续下去。氧化反应越来越快，温度越来越高，范围越来越大，当达到一定程度时，便形成剧烈爆炸。

煤尘爆炸必须同时具备以下四个条件：

①煤尘本身具有爆炸性。也就是说所开采煤层的煤尘首先必须具有爆炸性，它是发生煤尘爆炸的内在条件，也是首要条件。煤尘爆炸是指悬浮在空气中的煤尘在一定条件下遇高温热源而发生的剧烈氧化反应。有的煤尘受热氧化后，产生的可燃性气体很少，不能使煤尘发生爆炸。所以煤尘又可以分为爆炸性煤尘和无爆炸性煤尘。煤尘有无爆炸性，只有通过煤尘爆炸性鉴定才能确定。

②煤尘必须悬浮在空气中并达到一定浓度，才有可能引起煤尘爆炸。当煤尘悬浮在空气中并且空气中含有充足的氧气时，它的全部表面积才能充分与氧气接触，在氧化和热化过程中放出大量的可燃性气体，为爆炸创造条件。悬浮在空气中的煤尘只有在一定的浓度范围内才能发生爆炸。我国煤尘爆炸浓度范围为[①] $30 \sim 2000 \mathrm{g/m^3}$，因此一般认为煤尘爆炸的下限浓度为 $30 \sim 40 \mathrm{g/m^3}$；煤尘爆炸的上限浓度为 $1500 \sim 2000 \mathrm{g/m^3}$；爆炸威力最强时的煤尘浓度为 $300 \sim 400 \mathrm{g/m^3}$。一般来讲，在矿井正常生产条件下，很难形成 $30 \sim 40 \mathrm{g/m^3}$ 的悬浮煤尘浓度，尤其是矿井采用了煤层注水、喷雾降尘等综合防尘措施后，在生产的各个环节产尘量都会减少，浮游煤尘达到煤尘爆炸下限十分不易。但是当巷道四壁的沉积煤尘受到冲击的作用，冲击气流将会将沉积煤尘吹扬起来，使其达到爆炸浓度，因此沉积煤尘是煤矿安全生产的最大隐患。

③存在有可能引起爆炸的热源煤。煤尘爆炸的引燃温度变化较大，我国煤尘爆炸的引燃温度在 $610 \text{℃} \sim 1050 \text{℃}$ 之间，一般为 $700 \text{℃} \sim 800 \text{℃}$。井下能引燃煤尘的高温热源有爆破火焰、电气火花、碰撞和摩擦产生的火花、瓦斯燃烧或爆炸以及井下火灾等。

④充足的氧气。煤尘爆炸属于化学爆炸，是一种剧烈氧化反应过程。因此，煤尘爆炸必须有一定氧浓度的空气参与，爆炸才可以进行。实验表

---

① 宁尚根.矿井通风与安全.北京：中国劳动社会保障出版社.2006.

明,空气中氧气的浓度小于 16% 时,煤尘不会发生爆炸。

2. 煤尘爆炸的危害

(1)产生高温。

煤尘爆炸时要释放出大量热能,可使爆炸产生的气体产物加热到 2300℃～2500℃。高温能够引起矿井火灾、烧毁设备、人员烧伤,也是发生连续爆炸的主要热源。

(2)产生高压。

由于高温的作用,将形成高压气体。在矿井条件下,煤尘爆炸时的平均理论压力为 735.5kPa,实际发生爆炸时的压力往往超过此值。在煤尘爆炸过程中,如遇到巷道断面的突变和巷道的拐弯及有障碍物时,爆炸压力将大幅度增加。尤其是煤尘连续爆炸时,第二次爆炸理论压力为第一次爆炸理论压力的 5～7 倍,所以,煤尘爆炸造成的破坏性和死亡人数将比瓦斯爆炸造成的伤害性更为严重。具体危害表现为:损坏设备,推倒支架,造成冒顶和人员伤亡,使矿井遭受严重破坏,甚至摧毁整个矿井。

(3)产生冲击波。

由于爆炸压力作用,高温高压空气将高速向外传递,形成爆炸冲击波和火焰。据实验测定,火焰的传播速度可达 610～1800m/s,冲击波的传播速度可达 2340m/s。冲击波不仅能使设备、支架、人员等遭到严重损害,还可能导致连续爆炸,造成更大破坏。

(4)生成有毒有害气体。

煤尘爆炸时可生成大量二氧化碳和一氧化碳,爆炸区域空气中一氧化碳浓度可达 2%～4%,甚至高达 8% 左右。这是造成人员大量中毒伤亡的主要原因。

3. 预防煤尘爆炸的技术措施

预防煤尘爆炸的技术措施主要包括:减尘、降尘、消除落尘、防止煤尘引燃措施及限制煤尘爆炸范围等几方面。

(1)减尘和降尘措施。

减尘措施是指在煤矿井下生产过程中,通过减少煤尘产生量从而降低井下空气中煤尘的含量,最终达到从根本上杜绝煤尘爆炸的可能性。

①煤层注水。所谓的煤层注水就是在采煤工作面开始回采前,在煤层中打若干钻孔,通过钻孔注入压力水,使其渗入煤体内部增加煤层水分。

煤层注水方式有短孔注水、深孔注水、长孔注水、巷道钻孔注水四种方式。

短孔注水是在采煤工作面准备使用普通电钻沿着与采煤工作面垂直煤壁或与煤壁斜交打钻孔注水,注水孔长度一般为2～3.5m,它是一种边注水边回采的煤层注水法,如图6-14所示。

图 6-14　短孔、深孔注水示意图

深孔注水是在回采工作面垂直煤壁打钻孔注水,孔长一般为5～25m,如图6-14所示。

长孔注水是从回采工作面的运输巷或回风巷,沿煤层倾斜方向平行于工作面打上向孔或下向孔注水(图6-15),孔长30～100m;当工作面长度超过120m而单向孔达不到设计深度或煤层倾角有变化时,可采用上向、下向钻孔联合布置钻孔注水。

图 6-15　上向孔、下向孔、双向孔巷道

巷道钻孔注水是煤层的的顶板或地板巷道向煤层打钻孔的措施,即由上邻近煤层的巷道向下煤层打钻注水或由底板巷道向煤层打钻注水,巷道钻孔注水采用小流量、长时间的注水方法,湿润效果良好,但打岩石钻孔不经济,而且受条件限制,所以极少采用。

②采空区灌水在开采近距离煤层群的上组煤或采用分层开采厚煤层时(包括急倾斜水平分层),可以利用往采空区灌水的方法,借以湿润下组煤和下分层煤体,防止开采时生成大量的煤尘[1]。

由于上层煤已采空,所以下层煤随着减压而次生裂隙发育,易于缓慢渗透,故湿润煤体的范围大而且均匀、防尘效果好。我国一些矿区采用采空区

①　蔡永乐,胡创义.矿井通风与安全.北京:化学工艺出版社,2007.

灌水预湿煤体,其降尘率一般为 $76\%\sim92\%$。

但是,注水量一般不宜过大,防止从采空区流向工作面或下部巷道中,形成水患。因此,一般的灌水量按每平方米采空区灌水 $0.3\sim0.5m^3$,其流量控制在 $0.5\sim2m^3/h$,最大不超过 $5m^3/h$。当运输到见水后,停止注水,隔 $3\sim7$ 天,再进行第二次注水,直到开采煤体得到充分润湿为止。灌水要超前回采 $1\sim2$ 个月。此外,当两煤层间的岩石层或下分层的上部有不透水层时,不能选用采空区灌水。同时,在煤层有自然发火危险时,要在水中加阻化剂才能进行采空区灌水。

③煤层注水效果。煤层注水使煤体内的水分增加。一般来说,水分增加 $1\%$ 时,就可收到降尘效果。水分增加量越大,效果越好。但还要考虑其他生产环节的方便,如运输、选煤等。因此水分又不能太大。通常 1t 煤注水量控制在 $35\sim40L$,不可少于 $20\sim25L$,此时降尘效果可达到 $50\%\sim90\%$。

(2)消除落尘。

在采取其他防尘措施的基础上,定期清扫冲洗沉积在巷道壁和支架上的落尘是防止煤尘再次飞扬形成爆炸性尘云的一项重要措施。

当巷道周壁沉积的煤尘厚度为 $0.05mm$ 时,受到气浪的冲击,使之成为悬浮煤尘即可达到爆炸的下限浓度。因此,需要定期清扫并运出井外,在清扫过程中应注意尽量避免造成煤尘的二次飞扬。

清扫煤尘的方法分人工和机械清扫两种。常用的机械清扫是用于湿式吸尘机和湿式清扫车。

冲洗煤尘可由防尘洒水管路系统中供水,小范围的冲洗,由专用水车或盛水的普通矿车来供水。

(3)防止煤尘引燃的措施。

防止煤尘燃烧的措施其实质就是想法设法杜绝一切火源。在这一点上与防止瓦斯引燃的措施大致相同,就是杜绝明火、防止爆破火花和防止摩擦、撞击、静电火花。

(4)限制煤尘爆炸范围扩大的措施。

防止煤尘爆炸危害,除采取防尘措施外,还应采取降低爆炸威力,限制爆炸范围扩大的措施。

①撒布岩粉。撒布岩粉是指定期在井下某些巷道中撒布惰性岩粉,增加沉积煤尘的灰分,抑制煤尘爆炸的传播。惰性岩粉一般为石灰岩粉和泥岩粉。对惰性岩粉的基本要求是:不含有害有毒物质,吸湿性差;可燃物含量不超过 $5\%$,游离二氧化硅含量不超过 $5\%$;粒度应全部通过 50 号筛孔(即粒径全部小于 $0.3mm$),且其中至少有 $70\%$ 能通过 200 号筛孔(即粒径

小于 0.075mm)。

撒布岩粉时要求:撒布岩粉的巷道长度不小于 300m,如果巷道长度小于 300m 时,全部巷道都应撒布岩粉;巷道的顶、帮、底及背板后侧暴露处都用岩粉覆盖;岩粉的最低撒布量在做煤尘爆炸鉴定的同时确定,但煤尘和岩粉混合后,不燃物含量不得低于 80%;在距离采掘工作面 300m 以内的巷道范围内的混合粉尘,每月取样一次。在距离工作面 300m 以外的的巷道内,每三个月取样一次,如果可燃物含量超过规定含量时,应重新撒布。

②设置岩粉棚。岩粉棚分轻型和重型两类。如图 6-16 所示,由安装在巷道中靠近顶板处的若干块岩粉台板组成,台板的间距稍大于板宽,每块台板上放置一定数量的惰性岩粉,当发生煤尘爆炸前的冲击波将台板震翻,岩粉被吹扬分散开来,在巷道空间内形成一段充满岩粉的岩粉云带,火焰到达时,岩粉从燃烧的煤尘中吸收热量,使火焰传播速度迅速下降,直至熄灭。

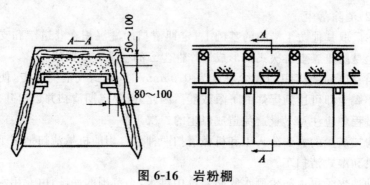

图 6-16　岩粉棚

岩粉棚的设置应遵守以下规定:按巷道断面积计算,主要岩粉棚的岩粉量不得少于 400kg/m²,辅助岩粉棚不得少于 200kg/m²;岩粉棚的平台与侧帮立柱(或侧帮)的空隙不小于 50mm,岩粉表面与顶梁(顶板)的空隙不小于 100mm,岩粉板距轨面不小于 1.8m;轻型岩粉棚的排间距 1.0~2.0m,重型为 1.2~3.0m;岩粉棚距可能发生煤尘爆炸的地点不得小于 60m,也不得大于 300m;岩粉板与台板及支撑板之间,严禁用钉固定,以利于煤尘爆炸时岩粉板有效的翻落,岩粉棚上的岩粉每月至少检查和分析一次,当岩粉中可燃物含量超过 20% 或受潮变硬时,应立即更换,岩粉量减少时应立即添加。

③设置水棚。包括水槽棚和水袋棚两种(见图 6-17)。水槽棚为主要隔爆棚,水袋棚为辅助隔爆棚,我国矿井常采用 40L 和 80L 两种规格的水槽体积。图 6-18 为最常用的 80L 水槽。

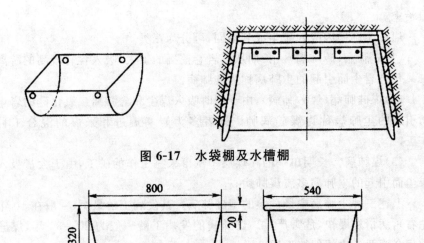

图 6-17　水袋棚及水槽棚

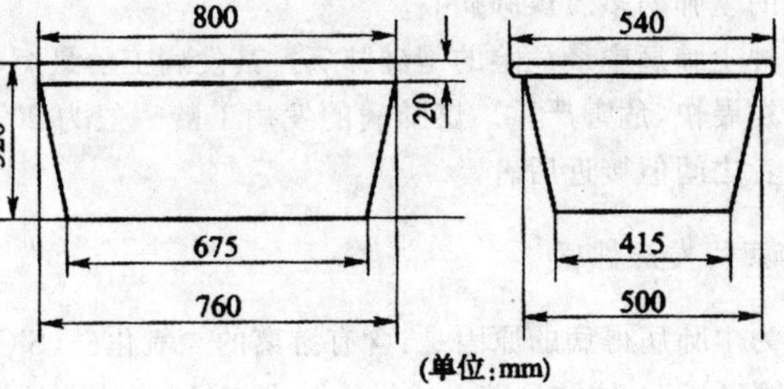

(单位:mm)

图 6-18　80L 水槽示意图

水棚设置应符合以下基本要求:

应设置在巷道的直线部分,且主要水棚的用水量不小于 $400L/m^2$,辅助水棚不小于 $200L/m^2$,相邻水棚中心距为 0.5～1.0m,主要水棚总长度不小于 30m,辅助水棚不小于 20m;首列水棚距工作面的距离必须保持在 60～200m;水槽或水袋距顶板、两帮距离不小于 0.1m,其底部距轨面不小于 1.8m;水内如混入煤尘量超过 5%时,应立即换水。

④设置自动隔爆棚。自动隔爆棚是利用各种传感器接受物理信号,并将物理信号转变为电信号,指令机构的演算器根据这些信号准确计算出火焰传播速度后,选择恰当时机发出动作信号,让抑制装置强制喷撒固体或液体等消火剂,从而可靠地扑灭爆炸火焰,阻止煤尘爆炸蔓延。

目前许多国家正在研究自动隔爆装置,并在有限范围内试验应用。

## 6.2.3　尘肺病及其防治

1. 尘肺病及其发病机理

尘肺病是工人在生产中长期吸入大量微细粉尘而引起的以纤维组织增生为主要特征肺部疾病。它是一种严重的矿工职业病,一旦患病,目前还很难治愈。

煤矿尘肺病因吸入矿尘成分不同，可分为三类。

（1）硅肺病（矽肺病）。长期从事岩巷挖掘的工人，吸入含有较高的游离二氧化硅岩尘而引起的尘肺病称为硅肺病。

（2）煤硅肺病（煤矽肺病），由于同时吸入煤尘和含游离二氧化硅的岩尘所引起的尘肺病称为煤硅病肺。患者多为岩巷掘进和采煤的混合工种矿工。

（3）煤肺病。长期单一的在煤层中从事采掘工作的矿工，由于大量吸入煤尘而引起的尘肺病多属煤肺病。

上述三种尘肺病中最危险的是硅肺病。其发病工龄最短（一般在 10 年左右），病情发展快，危害严重。煤肺病的发病工龄一般为 20～30 年，煤硅肺病介于两者之间但接近后者。

2. 尘肺病的发病机理[①]

一般认为尘肺病得病的原因是：含有游离的二氧化硅（$SiO_2$）粉尘（小于 $5\mu m$）经呼吸沉积于人体肺泡壁上或进入肺内，残留在肺内的硅尘粒能形成硅酸胶毒，可杀死肺泡，使肺泡组织形成纤维病变出现网眼，逐步失去弹性而硬化，无法担负呼吸作用，使肺功能受到损害，从而出现喘息、咳嗽、胸痛等各种症状，并容易诱发肺心病、肺结核等，严重时可使人丧失劳动能力，直至死亡。

3. 影响尘肺病的致因

影响尘肺病发生的原因很多，概括起来，主要有以下几个方面：

（1）矿尘中游离二氧化硅的含量的影响。

人体肺泡中吸入矿尘中游离二氧化硅的量越多，肺组织发生纤维病变的时间越短，病变速度则越快，病情亦越严重。岩尘中的游离二氧化硅能与肺泡中的水分发生化学反应而生成硅酸，毒化肺部组织，使肺组织纤维化。矿尘中游离二氧化硅是导致硅肺病的致因，据有关资料显示，当矿尘中游离二氧化硅含量达到 80%～90%，而且作业环境矿尘浓度很高时，在 1～2 年之内即可患尘肺病。

煤岩层中大多都含有一定量的游离二氧化硅，一般情况如下：

砂岩：二氧化硅含量为 35%～43%；

---

① 蔡永乐，胡创义．矿井通风与安全．北京：化学工艺出版社，2007.

石英砂岩:二氧化硅含量为 60%~80%;

页岩:二氧化硅含量为 27%~30%;

煤:二氧化硅一般为 1%~3%,有时甚至高达 6%。

(2)粉尘粒度的影响。

粒径越细微越易致病。小于 $5\mu m$ 的尘粒所占比重(分散度)越高,对人体的危害性则越大。实际情况是由鼻孔与口腔吸入的矿尘,并不是全部都能到达肺泡,较大粒径的尘粒被吸入后,由于自身的质量和气流的冲击作用而降落在较大的支气管粘膜上,一般通过咳嗽吐痰而排出体外。能直接到达肺泡并引起肺部发生病变的尘粒,只有 $5\mu m$ 以下的微细尘粒,最危险的的粒度是 $2\mu m$ 左右的粉尘。

(3)接触粉尘时间的影响。

在粉尘作业环境中连续工作的时间越长,吸入肺泡组织的粉尘累计总量就越多,则发病率就越高,发病工龄则越短。根据统计资料显示,从事井下工作连续 10 年以上工龄的井下从业者比同工种 10 年以下工龄的从业者发病率高出 2 倍左右。

(4)矿尘浓度的影响。

矿井空气中粉尘浓度越高,则吸入肺泡的粉尘量则越多,越易患病。尘肺病的发生和进入肺部的矿尘量有直接关系。若在矿尘浓度较高的作业环境中不采取任何的防尘措施,就会大大缩短发病工龄。如在矿尘浓度为 $1000mg/m^3$ 的粉尘环境中长期进行作业,1~3 年即可患尘肺病。《煤矿安全规程》第 739 条规定:作业场所空气中粉尘(总粉尘、呼吸性粉尘)浓度应符合表 6-2 要求。

表 6-2　作业场所空气中粉尘浓度标准

| 粉尘中游离 $SiO_2$ 含量<br>(%) | 最高允许浓度($mg/m^3$) | |
|---|---|---|
| | 总粉尘 | 呼吸性粉尘 |
| <10 | 10 | 3.5 |
| 10~<50 | 2 | 1 |
| 50~<80 | 2 | 0.5 |
| ≥80 | 2 | 0.3 |

(5)粉尘中有害微量元素的影响。

根据科学院高能物理实验中心的研究结果表明,在一些矿井的煤层中含有的微量元素多达 28 余种,在其中除含有 As、Se、Gr、Zn 等有害微量元素以外,还含有 U、Co 等放射性元素。根据有关报道,当砷化物加入粉尘中时能促进尘肺病的发生与发展;当铬化物加入粉尘中时会加速肺部病变进程。放射性元素混入粉尘中对人体的危害将会更大。

(6)身体素质的影响。

矿尘引起尘肺病是通过人体而进行的,所以人的机体条件对尘肺病的发生发展有一定影响。人的身体素质主要取决于人的生活习惯、个人的卫生习惯、从业者的年龄、营养、健康状况、思想情绪、心理健康等方面。在日常的作业环境中注意个体防护的井下从业者,从而避免或延缓了尘肺病的发生。一般身体素质好、年纪轻、抗病能力强的人患尘肺病的机会或发病工龄相对要长一些,而那些身体素质差、年龄偏大,抗病能力差的从业者,在同一工种、同一作业环境中患尘肺病的机会要大得多。

# 第7章 矿井安全监测监控系统

煤矿安全监控系统监测甲烷浓度、风速、风压、馈电状态、风门状态、风筒状态、局部通风机开停、主通风机开停等,当瓦斯超限或局部通风机停止运行或掘进巷道停风时,自动切断相关区域的电源并闭锁,同时报警。监测监控系统还具有煤与瓦斯突出预警、火灾监控与预警、矿山压力监测与预警等功能。

当煤矿井下发生瓦斯(煤尘)爆炸等事故后,系统的监测记录是确定事故时间、爆源、火源等重要依据之一,在应急救援和事故调查中发挥着重要作用。根据监测数据突变等信息分析爆炸时间,根据监测的瓦斯浓度和时间顺序等分析爆源,根据监测的设备状态分析火源,根据监测的局部通风机、风门、主通风机、风速、风压、瓦斯浓度等分析瓦斯积聚原因,根据监测的瓦斯浓度变化分析波及范围等。

## 7.1 监测监控仪器及仪表使用

### 1. GJC4/40甲烷传感器

GJC4/40甲烷传感器是一种全数字化的甲烷浓度测量仪器,它采用四位发光数码管分别显示传感器的工作状态和甲烷浓度值,所有的报警点、断电点、复电点以及各种信号制式都可以在遥控器按键下灵活设定,具有高低浓度全自动切换功能。其符号含义如下:

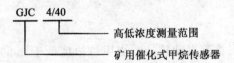

GJC4/40甲烷传感器执行煤炭行业标准《煤矿用低浓度载体催化式甲烷传感器技术条件》(AQ 6203—2006)、《煤矿用高浓度热导式甲烷传感器技术条件》(MT 445—1995)和企业标准《GJC4/40煤矿用甲烷传感器技术条件》。

（1）GJC4/40 甲烷传感器的结构特征。

GJC4/40 甲烷传感器采用本质安全型结构，安装、使用、调整都十分方便。传感器外壳采用高强度的优质不锈钢材料，具有美观、防护好、不易生锈、不易损坏等优点，在煤矿井下使用时能确保传感器长期可靠工作，而且外壳上还有透明窗可观察瓦斯浓度数位的大小。GJC4/40 甲烷传感器外形如图 7-1 所示。

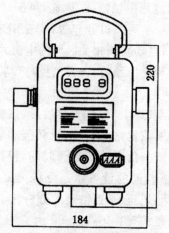

**图 7-1　GJC4/40 甲烷传感器外形**

（2）GJC4/40 甲烷传感器工作原理。

甲烷传感器是利用检测元件将甲烷在空气中的含量转换成电量，通过测量这一电量从而获得甲烷浓度。

GJC4/40 甲烷传感器的工作原理如图 7-2 所示。它主要由高低浓度检测电桥、前置放大、A/D 转换，然后把检测到的甲烷浓度信号送到单片机进行运算处理，接着输出相应的浓度信号和浓度显示，并且一旦甲烷浓度超过报警设定值，就会进行声光报警；当甲烷浓度超过设定的断电点，传感器将发出断电指令。遥控器发出的指令经传感器的红外接收器接收，把指令送到解码器进行解码，然后把解码后的指令送到单片机以便进行遥控操作。

（3）工作方式。

电脑控制高低浓度自动转换。当甲烷浓度低于 $3.5\%CH_4$ 时，由低浓度元件进行检测；当高浓度元件检测到甲烷浓度下降至 $2\%CH_4$ 时，又自动转换到低浓度元件工作。所有调节功能由红外遥控器按键进行调节，如报警点、断电点、复电点、信号类型、灵敏度、零点、人工调偏试验等。

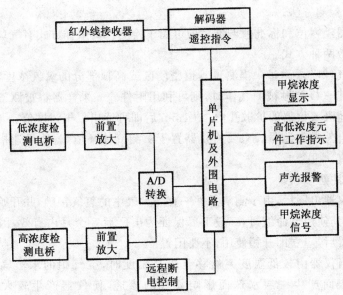

图 7-2　GJC4/40 甲烷传感器工作原理

2. 氧气检测传感器

AY-1 型氧气检测仪主要用于矿井下各类环境中氧气浓度的测定。该氧气检测仪为本质安全型。其主要技术指标如表 7-1 所示。

表 7-1　AY-1 型氧气检测仪主要技术指标

| 名　称 | 数　值 |
| --- | --- |
| 测量范围 | $0 \sim 25\% O_2$ |
| 基本误差(不含温度变化影响) | ±1 |
| 温度变化影响 | $10 \sim 40℃$ 时，$\pm 1.5 O_2$；$0 \sim 1℃$ 时，$\pm 35 O_2$ |
| 响应时间 | 20s |
| 测氧燃料电池电动势 | <750mV |
| 测氧元件端电压 | >120mV |
| 测氧元件工作寿命 | >6 个月 |
| 环境温度 | $0 \sim 40℃$ |
| 相对湿度 | ≤98% |
| 外形尺寸 | $125mm \times 62mm \times 40mm$ |
| 质量 | 300g |

（1）检测方法。

仪器经零位和标准值调准后即可用于检测。其采样方式有气球吸入和自然扩散两种方式。

①气球吸入测量。当测量管道密闭区或高顶部分的氧气浓度，仪器吸气口不能直接接触被测气体时，则可利用附件——采样器将被测气体用气球连续地吸入仪器的扩散孔内，约 1min 后即可读出氧气浓度值。

②自然扩散测量。只要将仪器置于被测气体环境，就能迅速指示出氧气浓度值。

（2）注意事项。

①仪器出厂后，由于测氧元件一直与大气中的氧气接触，并开始起化学反应，而其使用寿命缩短，一般工厂保证为出厂后 8 个月内有效，因此用户收到仪器后，应立即开箱使用，不要闲置。

②当仪器由较低温度突然移至较高温度时，空气中的水蒸气将在测氧元件表面产生一层水珠而影响氧气的渗透，使仪器产生较大的测量误差。

③二氧化碳能引起测氧元件内的电解液碳酸化，会降低测氧元件的使用寿命。因此，仪器在使用、保管中应避免长期接触二氧化碳气体。

④测氧元件是仪器的关键器件，用 704 胶胶封在元件密封盒内。一般情况下，不允许随意开封，更不允许用尖硬锐器触摸，以免损伤测氧元件。

⑤当仪器在新鲜空气中调准电位器，并且在电路正常的情况下，如果出现指示值大于 25％的氧气，或标准值调不到 21％的氧气时，则说明测氧元件使用寿命已到或已经失效，应重新更换测氧元件。

⑥当测氧元件失效时，应打开仪器旋下后盖，电表指针即迅速指示接近 21％的氧气。此时证明元件工作正常，仪器可以投入使用。

⑦仪器读数时，应尽量处于水平位置，否则将会引起较大的误差。

⑧仪器应在清洁、温度正常、远离热源、避免阳光直射的室内保管。

3. 一氧化碳传感器

一氧化碳传感器是用于煤矿环境监测系统连续监测微量一氧化碳气体的固定式仪表，可以就地显示一氧化碳的浓度数值并输出标准模拟信号到监测系统，可用于煤矿井下自燃火灾及带式输送机等巷道外因火灾的早期检测。现以 KG3021A 型一氧化碳传感器为例，其主要性能见表 7-2。

表 7-2　**KG3021A 型一氧化碳传感器主要技术性能**

| 名　　称 | 数　　值 |
|---|---|
| 测量范围 | $0 \sim 0.1 \times 10^{-3}$ |
| 测量误差 | 在 $0 \sim 0.2 \times 10^{-4}$ 范围内,误差为 $\pm 0.2 \times 10^{-5}$ |
| 稳定性 | 连续工作 7d,漂移量不超过测量误差值 |
| 显示 | 3 位数字(带负号)显示 |
| 输出信号 | 电流 $1 \sim 5$mA,频率 $200 \sim 1000$Hz |
| 电源 | $12 \sim 18$V,矿用本质安全电源 |
| 工作电流 | $<100$mA |
| 传感器寿命 | 1a |
| 防爆型式 | 矿用本质安全型 |
| 防爆标志 | ibI(150℃) |
| 外形尺寸 | 86mm×165mm×225mm |

工作原理:一氧化碳气体经透气膜扩散进入工作电极,在电极催化作用下与电解溶液中水发生阳极氧化反应,同时放出电子,而在对面电极上,氧气通过透气板到达催化剂层,在催化剂作用下与电解液中的质子氢发生阴极还原反应,并生成水吸引电子,这时,若外电路导通,则形成电流并与一氧化碳浓度成正比。

4. 风速传感器

风速检测的仪器随着科学技术的发展不断更新,种类也越来越多,在 1960 年学者们开始研究利用卡曼原理实现风速检测,从而开辟了测风仪表的新途径。

超声波旋涡风速传感器是应用卡曼涡街理论来实现风速检测的,所谓卡曼涡街理论,就是在流体中设置旋涡发生体(阻流体),从旋涡发生体两侧交替地产生有规则的旋涡,这种旋涡称为卡曼涡街,如图 7-3 所示,旋涡列在旋涡发生体下游非对称地排列。

在一定雷诺数范围内($Re = 200 \sim 5 \times 10\ 000$),输出频率信号不受流体物的密度、粘度和组分的影响,其漩涡的频率 $f$ 受流体的密度、粘度和组分的影响很小,可忽略不计,只与流体的流速 $v$、阻挡体的直径有关,表示公式为:

$$f = S_t v / d$$

式中 $f$——卡曼旋涡频率,次/s;

   $S_t$——常数,雷诺数 $Re$ 在 200～5×10 000 范围内,对于圆柱体 $S_t$ =0.21;

   $v$——流体速度,m/s;

   $d$——阻挡体直径,m。

  由上式可知,卡曼旋涡频率 $f$ 和流体流速 $v$ 成正比,因此只要测量出卡曼旋涡频率,就可以知道风速,这样测量风速就归结为测量旋涡频率。而超声波风速传感器就是利用声波被旋涡调制来测定旋涡的频率。

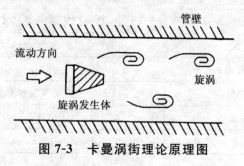

**图 7-3　卡曼涡街理论原理图**

  目前,这类传感器型号有:FC-1型、FC-2型、KG5002型、VA2316型、CW-1型等风速传感器。CW-1型主要技术指标:本安电源为12～24V(<300mA);0～150Hz(200～1000Hz),1～5mA;测量范围为0.3～15m/s;测量误差为±1%F.S.。

# 7.2　监测监控系统图及传感器的设置

### 1. 矿井安全监测监控系统图

  煤矿安全监测监控系统是利用现代传感技术、信息传输技术、计算机信息处理技术、控制技术对煤矿井下瓦斯等环境参数进行实时采集、分析、存储和超限控制的装置。《煤矿安全规程》第一百五十八条规定,所有矿井必须装备矿井安全监控系统。

  矿井安全监测监控系统图是表示矿井安全监测系统井下信息传输电缆、分站及各种传感器布置及有关技术参数的图件,是矿井安全监测系统工程设计、施工和管理的主要图纸。

  (1)矿井安全监测监控系统组成。

  煤矿安全监测监控系统由监测传感器、井下分站、信息传输系统和地面中心站四个部分组成,其组成结构如图 7-4 所示。

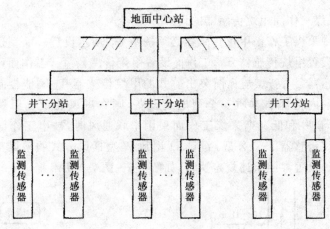

图 7-4　监测系统组成结构图

(2)矿井安全监测监控系统图图示主要内容。

①传输电缆(信道)的敷设。

②井下、地面传感器种类及布置位置。

③井下分站、地面分站设置位置及其参数。

④井下紧急避险设施布置及其内外传感器种类、布置位置。

⑤地面监测中心站位置及设备配备。

(3)矿井安全监测监控系统图的用途。

矿井安全监测监控系统主要用于监测矿井井下瓦斯浓度、风速、一氧化碳浓度、风压、温度等环境参数,还可用于矿井生产监视、监控和监测,如井下风门开关、设备开停和煤仓煤位、水仓水位、输送带跑偏、称重、电力参数等。矿井安全监测监控系统图的主要用途包括:

①指导矿井日常瓦斯等参数的监测工作,如随着采掘工作面位置的变动,传感器位置的调整、传感器的增减、井下分站位置的调整及增设等。

②分析矿井井下监测监控系统信号传输电缆、井下分站、传感器布置的合理性,发现问题及时处理。

③了解井下作业场所瓦斯等有害气体浓度,分析其涌出量及其规律,掌握整个矿井瓦斯等有害气体的涌出情况,制定有效的防治瓦斯等有害气体措施。

④管理矿井瓦斯。

⑤评价矿井抗灾能力强弱及现代化管理水平的高低。

2. 甲烷传感器的设置

(1)采煤工作面甲烷传感器的设置。

①长壁采煤工作面甲烷传感器必须按图 7-5 所示设置。U 型通风方式在上隅角设置甲烷传感器 $T_0$，工作面设置甲烷传感器 $T_1$，工作面回风巷设置甲烷传感器 $T_2$；若煤与瓦斯突出矿井的甲烷传感器 $T_1$ 不能控制采煤工作面进风巷内全部非本质安全型电气设备，则在进风巷设置甲烷传感器 $T_3$；高瓦斯矿井和低瓦斯采煤工作面采用串联通风时，被串工作面的进风巷设置甲烷传感器 $T_4$。Z 型、Y 型、H 型和 W 型通风方式的采煤工作面甲烷传感器的设置参照上述规定执行，如图 7-6～图 7-9 所示。

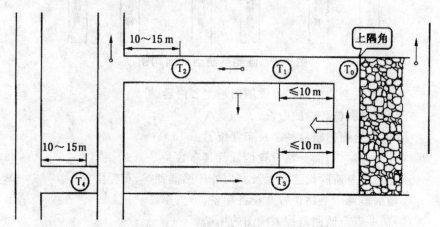

图 7-5　U 型通风方式采煤工作面甲烷传感器的设置

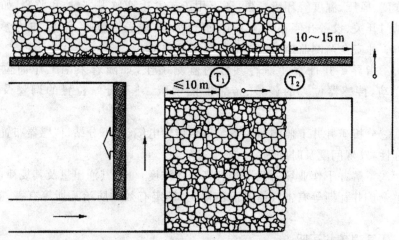

图 7-6　Z 型通风方式采煤工作面甲烷传感器的设置

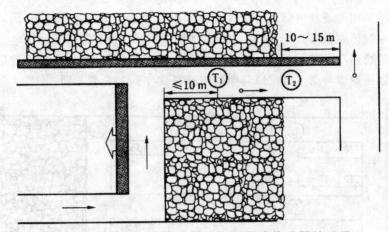

图 7-7　Y 型通风方式采煤工作面甲烷传感器的设置

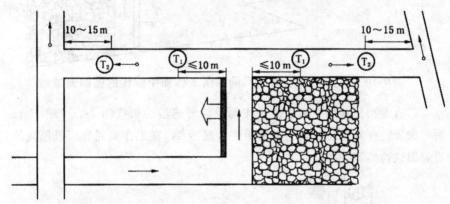

图 7-8　H 型通风方式采煤工作面甲烷传感器的设置

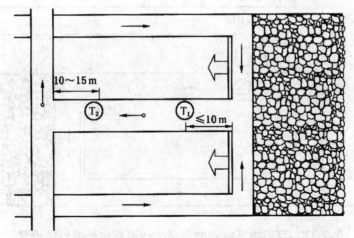

图 7-9　W 型通风方式采煤工作面甲烷传感器的设置

②采用两条巷道回风的采煤工作面甲烷传感器必须按图 7-10 所示设置。甲烷传感器 $T_0$、$T_1$ 和 $T_2$ 的设置如图 7-10 所示;在第二条回风巷设置甲烷传感器 $T_5$、$T_6$。采用三条巷道回风的采煤工作面,第三条回风巷甲烷传感器的设置与第二条回风巷甲烷传感器 $T_5$、$T_6$ 的设置相同。

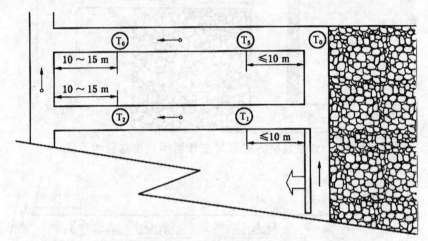

图 7-10　采用两条巷道回风的采煤工作面甲烷传感器的设置

③有专用排瓦斯巷的采煤工作面甲烷传感器必须按图 7-11 和图 7-12 所示设置。在专用排瓦斯巷设置甲烷传感器 $T_7$,在工作面混合回风风流处设置甲烷传感器 $T_8$。

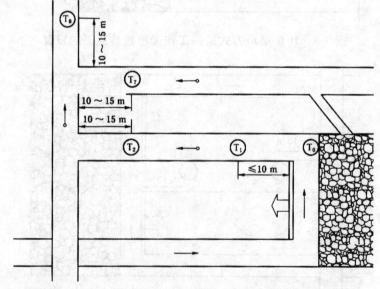

图 7-11　专用排瓦斯巷的采煤工作面甲烷传感器的设置

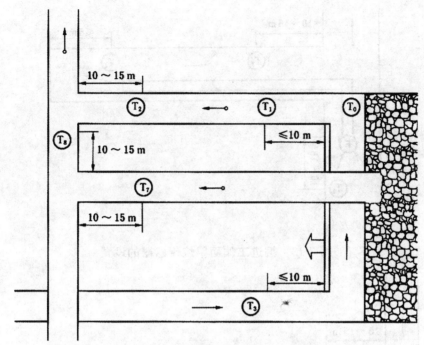

图 7-12　专用排瓦斯巷的采煤工作面甲烷传感器的设置

④采煤机必须设置机载式甲烷断电仪或便携式甲烷检测报警仪。

⑤高瓦斯和煤与瓦斯突出矿井采煤工作面的回风巷长度大于 1000m 时,必须在回风巷中部增设甲烷传感器。

⑥非长壁式采煤工作面甲烷传感器的设置参照上述规定执行,即在上隅角设置甲烷传感器 $T_0$ 或便携式甲烷检测报警仪,在工作面及其回风巷各设置 1 个甲烷传感器。

(2)掘进工作面甲烷传感器的设置。

①有瓦斯涌出岩巷、半煤岩巷和煤巷的掘进工作面甲烷传感器必须按图 7-13 所示设置,并实现瓦斯风电闭锁。在工作面混合风流处设置甲烷传感器 $T_1$,在工作面回风流中设置甲烷传感器 $T_2$;采用串联通风的掘进工作面,必须在被串工作面局部通风机前设置掘进工作面进风流甲烷传感器 $T_3$。

②煤与瓦斯突出矿井和高瓦斯矿井的掘进工作面长度大于 1000m 时,必须在掘进巷道中部增设甲烷传感器。

③煤与瓦斯突出矿井和高瓦斯矿井双巷掘进工作面甲烷传感器必须按图 7-14 所示设置。甲烷传感器 $T_1$ 和 $T_2$ 的设置同图 7-13 所示;在工作面混合回风流处设置甲烷传感器 $T_3$。

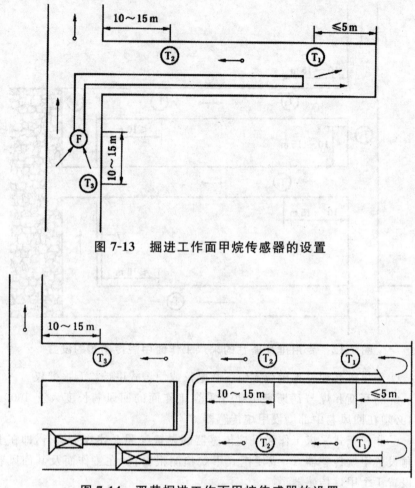

图 7-13　掘进工作面甲烷传感器的设置

图 7-14　双巷掘进工作面甲烷传感器的设置

④掘进机必须设置机载式甲烷断电仪或便携式甲烷检测报警仪。

(3)其他地点甲烷传感器的设置。

①设在回风流中的机电硐室进风侧必须设置甲烷传感器,如图 7-15 所示。

②采区回风巷、一翼回风巷、总回风巷测风站应设置甲烷传感器。

③使用架线电机车的主要运输巷道内,装煤点处必须设置甲烷传感器,如图 7-16 所示。

④高瓦斯矿井进风的主要运输巷道使用架线电机车时,在瓦斯涌出巷道的下风流中必须设置甲烷传感器,如图 7-17 所示。

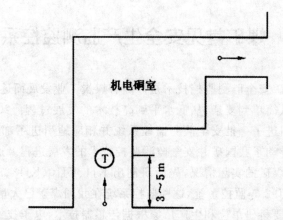

图 7-15　在回风流中的机电硐室甲烷传感器的设置

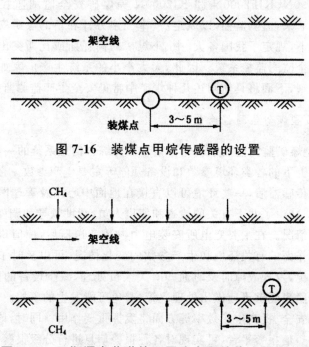

图 7-16　装煤点甲烷传感器的设置

图 7-17　瓦斯涌出巷道的下风流中甲烷传感器的设置

⑤井下煤仓、地面选煤厂煤仓上方应设置甲烷传感器。

⑥封闭的带式输送机地面走廊上方宜设置甲烷传感器。

⑦封闭的地面选煤厂机房内上方应设置甲烷传感器。

# 7.3 煤矿常见安全生产监测监控系统

我国的煤矿安全监测监控技术是伴随着煤炭工业发展而逐步发展起来的,它经历了从简单到复杂、从低水平到高技术的发展过程。20世纪80年代初,从国外引进了一批安全监测监控系统并相应地引进了部分元件的制造技术,由此推动了我国矿井安全监测监控技术的发展进程。通过消化、吸收并结合我国煤矿的实际情况,先后研制出KJ4、KJ10、KJ13、KJ19、KJ38、KJ75、KJ80、KJ92等监控系统,这些监控系统在我国煤矿已大量使用。

国内各主要科研单位和生产厂家根据传感器技术、电子技术、计算机技术和信息传输技术的迅猛发展和在煤矿中的应用,又相继推出了KJ95N、KJ101N、KJ90N、KJF2000N和KJ2000N等煤矿安全监测监控系统。同时,在"先抽后采,监测监控,以风定产"十二字方针和新的煤矿安全规程有关条款指导下,规定了我国各大、中、小煤矿的高瓦斯或瓦斯突出矿井必须装备矿井安全监测监控系统。因此,大大小小的系统生产厂家如雨后春笋般的不断出现,下面将具体阐述几种煤矿中常见安全生产监测监控系统。

1. KJ95型煤矿监测监控系统

KJ95型煤矿监测监控系统作为整个矿井综合信息系统的一部分,主要用来监测井上下的各类环境参数和设备开停等主要生产参数。在一些重要的地点安装传感器后,一些环境可以直接在地面中心站及管理网络工作站上反映出来,减少了井下有关的检查和值班人员,帮助领导和调度员及时掌握安全生产情况。在主要变电所安装电力参数变送器后,使值班人员能够及时了解工作面的有关环境和生产参数的变化情况,可以及时了解井下各点的供电状况,发现故障时及时通知有关人员处理,减少设备的停机时间,对于存在的隐患能够迅速做出处理决策,避免可能发生的事故。因此,整个系统在保障安全、提高生产效率等方面将发挥重要作用。同时,该监测监控系统经过加短信报警平台,可实现对各种报警信息进行分级报警,使矿领导无论在什么地方都能及时了解矿上的安全生产信息,提供系统接口方便接入矿上的综合信息系统和方便接入局域网网络系统。

(1)系统功能。

①监测监控一氧化碳浓度、烟雾、温度、风门开关和甲烷浓度、风速、负压、等环静参数。

②监测监控电压、电流、功率等电量参数。

③监测监控输送带跑偏、输送带速度、轴承温度、机头堆煤等各种机电设备的运行情况。

④监测监控煤位、水仓水位、空气压缩机风压、箕斗计数、各种机电设备开停等。

⑤汇接管理带式输送机控制保护装置和集中控制系统、轨道运输监控系统、电力监测系统、选煤厂集控系统、水泵监控系统、火灾监测系统,以及人员监测系统等,实现局部生产及管理环节的自动化。

(2)系统特点。

①传输网络简单、可靠。采用标准网络传输协议,传输速率高,传输误码率低(小于10),无中继传输距离长。可选择采用光纤、电缆或漏泄电缆等传输介质。其中,光纤传输通道传输速率高,无中继传输距离长,防雷、抗电磁干扰。

②技术先进,组合方式多样,综合能力强。融安全与生产监测监控系统、人员监测系统、工业电视监视系统及程控调度通信系统等于一体,实现井下传输信道合一、全矿范围内各类煤矿监控系统组网管理、与局计算机网络联网、与远程终端通过公用电话网连接等,大幅度减少信道与设备投资,可用作为全矿井综合自动化系统中的安全生产监控子系统。

③分站自主性、适应性强。由分站、传感器及执行器组成的工作单元可独立工作。当中心站与分站失去联系时,分站能动态存储最新2h的监测数据,在通信恢复正常后,续传给中心站;大屏幕液晶汉字显示分站所接传感器类型、实时参数及模拟量变化曲线;红外遥控设定修改传感器类型、报警、断电值等参数;具有风、电、瓦斯闭锁功能;分站可以作为主站继续挂接小分站,应用于局部安全生产环节的监测控制,扩大了系统的应用范围。模拟量端口与开关量端口可互换,可按需增加某类端口的数量。支持多种标准或非标准信号制式,如电压、电流、频率和触点信号等。

④兼容性能好,保护原有投资。可与原有 KJ1、KJ2、KJ22 及 KJ12A 等矿井安全与生产监测监控系统兼容。

⑤报警与控制功能完备。可实现中心站程控或手动强行控制异地断电、分站和传感器就地断电及分站区域断电功能;具有声光、语音报警、报警联动及可通过程控调度通信网对井下局部或全矿井进行语音广播报警等多种类型的报警功能;具有传输故障、设备故障、供/断电状况和软件运行故障等的自诊断功能,还具有远程维护功能。

⑥系统软件功能强大。系统软件基于微软 COM/DCOM 组件技术,采用客户/服务器体系结构,兼容性能与开放性能好;可以和具有 OPC 标准接口、其他标准接口(如 RS232 等采用标准协议)的设备无缝连接,非标准接

口的其他监控设备可通过协议转换接于系统中；具有丰富的组态、画面编辑及报表（数据图）生成功能；对所有监测数据和重要操作事件均采用数据库（如 Access、SQL Server 等）保存，用户可根据需要自行设定保存期限，为用户二次开发和事件的追述提供良好的条件；支持数据、开关量状态的模拟盘显示，图形、曲线、数据的大屏幕或多屏显示；各种操作（包括测点定义、参数设置、图形生成、报表制作、数据浏览等）不影响系统的传输，保证系统的监测实时性；具有强大的数据采集功能、先进的数据处理技术。

（3）技术参数。

KJ95 型煤矿监测监控系统的技术参数如表 7-3 所示。

表 7-3　KJ95 型煤矿监测监控系统的技术参数

| 名　称 | 数　值 |
| --- | --- |
| 系统容量 | 128 台分站级设备 |
| 传输速率 | 1200/2400bps |
| 传输方式 | RS485 |
| 传输电缆芯线 | 2 芯 |
| 地面中心站到分站之间无中继最大传输距离 | ≥20km |
| 分站到传感器之间的最大传输距离 | 2km（电源传输线芯线直径 0.52mm） |
| 模拟量传感器信号 | 200～1000Hz |
| 开关量传感器信号 | 0～5mA，无电位接点 |
| 供电 | 地面中心站为 AC 220V，井下设备为 AC 127V、380V 或 660V |

2. KJF2000 型矿井安全生产综合监控系统

KJF2000 型矿井安全生产综合监控系统由地面中心站、局域网、远程数据终端、通信接口装置、各种类型的井下分站、隔爆兼本质安全型多路电源、远程断电器、各种矿用传感器和机电控制设备及 KJF2000 安全生产监控软件、局域网软件、远程数据终端软件组成。

KJF2000 型矿井安全生产综合监控系统可配置专用火灾预测预报、煤炭自然发火预测和瓦斯突出预测等软件包，同时具备了与 KJF 型火灾监控系统、ASZ-Ⅱ型矿井火灾束管监控系统、BZJC 型瓦斯泵站监控系统、FDZB-1A 型风电瓦斯闭锁系统和国内其他监测监控系统联网的能力。KJF2000 矿井安全生产综合监控系统可根据煤矿实际大、中、小而灵活配置。

（1）系统组成。

①KJF2000 动态图显示程序——以动画形式动态显示监测数据的更新变化。

②KJF2000 终端程序——矿网络终端，动态实时显示各矿监测数据。

③KJF2000 中心站程序——矿主服务器，对井下传感器及分站进行实时数据采集、存储、显示及控制。

④KJF2000 数据查询与报表打印程序——查询指定时间段内矿井的实时数据、趋势数据，同时可打印出所查询的数据，生成五分钟单点日报、小时日报、综合日报、月报表等各种报表。曲线查询与分析程序是以曲线形式反映监测数据的变化趋势，分析指定时间段内的数据变化情况。

（2）系统功能。

KJF2000 与分站通信距离大于 15km；数据通信速率为 1200bps；系统巡控时间小于 30s；最大监控分站容量为 64 个；1024 个模拟量输入、512 个开关量输入和 512 个控制量输出；软件在处理满量程数值数据时，产生的相对误差小于 0.5%。

系统软件运行在 Microsoft Windows 98/2000 或 NT/Windows XP 中文操作平台上。软件充分利用多进程和多线程技术实时并发处理多任务：

①在同一网络内实现测点修改的同步功能。只要服务器（中心站）修改测点属性，其他与之相连的终端均同时被修改。

②分站有生成、修改、挂起和唤醒功能。系统可在不中断正常监测功能的条件下由用户生成、修改各种监测参数，对用户的错误输入有提示和容错的功能。

③对不同类型的监测值，可按不同的时间间隔进行分档存储，合理安排数据在硬盘中的保存期：实时数据保存 1 周，运行数据保存 3 个月，趋势数据保存 1 年。

④系统通信有测试、自检和报警提示功能。信息传输时，软件有传输错误统计功能，可对系统各分站工作状态实时诊断。

⑤实时数据以标签形式多屏显示，包括全矿数据显示、模拟量显示和数字量显示。

⑥查询功能包括数据查询和曲线查询。其中，曲线可任意缩放或局部放大。

⑦软件有程序自动控制和手动控制功能。断电/复电控制、分站生成或修改命令具有优先级功能。

⑧用 TCP/IP 网络协议实现局域网、远程数据终端与中心站之间实时数据查询，其软件和中心站软件具有一致的操作界面。

⑨独立的报表打印和数据整理系统。打印报表的格式、内容可由用户自由编制并修改，能随时召唤打印。

### 3. KJ83N 型煤矿安全监测监控系统

KJ83N 型煤矿安全监测监控系统采用了当前最先进的通信技术、网络技术、图形处理技术、地理信息技、术数据库技术，充分吸取了国内外同类型监测监控系统的优点，适合于大、中、小各种类型矿井使用。

KJ83N 型煤矿安全监测监控系统主要是监测监控瓦斯、温度、风速、负压、$O_2$、CO、烟雾、主要通风机、风门开关、局部通风机、风机开停等环境参数，以及电流、电压、水仓水位、煤仓煤位、箕斗计数、各机电设备开停和馈电、断电状态等生产运行参数。系统软件采用图形技术、组态软件技术、数据库技术，多进程和多线程的技术，为用户提供高效、稳定、实时性强的数据采集、存储、管理和分析功能。

（1）系统组成。

KJ83N 型煤矿安全监测监控系统由地面中心站、KJ83N 安全监控软件、传输接口装置、地面环网接入设备、井下环网多功能接入设备、本安数据交换机、井下智能分站、各种矿用传感器及控制执行器组成。

（2）系统主要功能特点。

①系统监测监控瓦斯、温度、风速、负压、$O_2$、CO、烟雾、风门开关、主要通风机、局部通风机开停等环境参数，以及电流、电压、水仓水位、煤仓煤位、箕斗计数、各机电设备开停和馈电、断电状态等生产运行参数。系统实现了风电瓦斯闭锁功能和全矿井的瓦斯超限断电功能及断线断电。

②系统软件采用"变值变态、疏密结合、数据库动态生成"的数据存储技术，使数据存储的容量只和计算机的硬盘容量有关，解决了数据维护的问题。

③系统能够监测监控电压、电流、电量、顶板压力、位移等参数，并且提供了对顶板压力、位移的报警分析。

④系统软件具有短信息收发功能，可以将异常数据以短信的方式发送到管理人员的手机上。

⑤系统的监控设备、配套传感器、执行器种类齐全，传感器配有遥控器，调校方便、使用寿命长。

⑥系统配有专用的图形编辑软件，用于动态图元素、煤矿巷道的绘制。所有的动态、静态图形都可由矿方操作人员绘制，同时能将 CAD、MapInfo 两种常用的矢量图导入系统，系统支持多种图形格式（bmp、jpg、gif 等）。

⑦系统配套的分站都能实现风电瓦斯闭锁、断电仪的功能；分站脱离系

统可独立运行并且能实现风电瓦斯闭锁、断电仪功能；分站配接的传感器种类、量程、断电点、复电点、风电瓦斯闭锁等参数在地面中心站定义生成，并下发到分站，分站免编程。

⑧系统能与 KJ236 人员定位考勤系统和 KJF-05 主通风机在线监控系统共缆运行。

⑨满足《煤矿安全监控系统通用技术要求》(AQ 6201—2006)及《煤矿安全监控系统及检测仪器使用管理规范》(AQ 1029—2007)和《煤矿安全规程》(2011 年版)的规定。

(3)系统主要技术指标。

①系统容量：系统最多可配接 64 个监控分站。

②信息传输：RS485 或 CAN 总线两芯传输，传输速率为 4800bps；FSK 总线两芯传输，传输速率为 1200bps；以太网传输，传输速率为 10/100M。

③接入的传感器信号：模拟量传感器信号(4～20mA 或 200～1000Hz 以及其他非标准信号)、开关量传感器信号、无电位接点及电平信号。

④传输距离：地面中心站到分站之间最大传输距离为 15km，分站到传感器之间的最大传输距离为 2km。

⑤供电：地面设备为 AC 220V，井下设备为 AC 127/380/660V。

⑥系统设计：系统符合由国家安全生产监督管理总局提出的安全生产行业标准《煤矿安全监控系统通用技术要求》(AQ 6201—2006)和《煤矿安全监控系统及检测仪器使用管理规范》(AQ 1029—2007)的要求。

# 参考文献

[1]何延山.矿井通风与安全.湘潭:湘潭大学出版社,2009

[2]谢中朋.矿井通风与安全.北京:化学工业出版社,2011

[3]胡卫民,高新春,鹿广利.矿井通风与安全.徐州:中国矿业大学出版社,2008

[4]卢义玉,王克全,李晓红.矿井通风与安全.重庆:重庆大学出版社,2006

[5]人力资源和社会保障部教材办公室.矿井通风与安全.北京:中国劳动社会保障出版社,2009

[6]廉战军.矿井通风与安全.太原:山西人民出版社,2010

[7]宁尚根.矿井通风与安全.北京:中国劳动社会保障出版社,2006

[8]蔡永乐,胡创义.矿井通风与安全.北京:化学工业出版社,2007

[9]浑宝炬,郭立稳.矿井通风与除尘.北京:冶金工业出版社,2007

[10]赵清林.煤矿粉尘检测必读.北京:煤炭工业出版社,2007

[11]何学秋等.安全工程学.徐州:中国矿业大学出版社,2000

[12]王德明.矿井通风与安全.徐州:中国矿业大学出版社,2007

[13]萧景瑞.矿井通风.徐州:中国矿业大学出版社,2002

[14]方裕璋.抢险救灾.徐州:中国矿业大学出版社,2002

[15]国家安全生产监督管理局.矿井瓦斯等级鉴定规范.北京:煤炭工业出版社,2006

[16]国家安全生产监督管理局.煤矿井工开采通风技术条件.北京:煤炭工业出版社,2006

[17]国家安全生产监督管理局.煤矿瓦斯抽采基本指标.北京:煤炭工业出版社,2006

[18]国家安全生产监督管理局.煤矿瓦斯抽放规范.北京:煤炭工业出版社,2006

[19]国家安全生产监督管理局.煤与瓦斯突出矿井鉴定规范.北京:煤炭工业出版社,2006

[20]李学诚,王省身.中国煤矿通风安全工程图集.徐州:中国矿业大学出版社,1995

[21]攀小利.矿山通风与安全测试技术.西安:西安交通大学出版社,1997